うんこドリル

東京大学との共同研究で学力向上・学習意欲向上が実証されました！

❶ 学習効果 UP!⬆

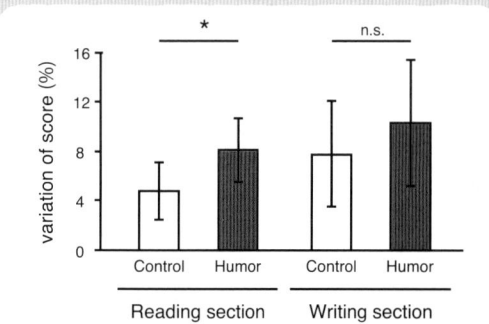

※「うんこドリル」とうんこではないドリルの、正答率の上昇を示したもの。
Control＝うんこではないドリル ／ Humor＝うんこドリル
Reading section＝読み問題 ／ Writing section＝書き問題

オレンジのグラフがうんこドリルの学習効果なのじゃ！

うんこドリルで学習した場合の成績の上昇率は、うんこではないドリルで学習した場合と比較して約60％高いという結果になったのじゃ！

❷ 学習意欲 UP!⬆

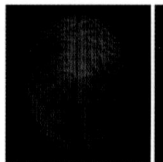
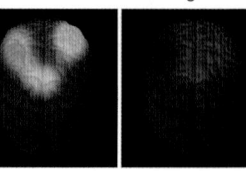

※「うんこドリル」とうんこではないドリルの閲覧時の、脳領域の活動の違いをカラーマップで表したもの。左から「アルファ波」「ベータ波」「スローガンマ波」。明るい部分ほど、うんこドリル閲覧時における脳波の動きが大きかった。

明るくなっているところが、うんこドリルが優位に働いたところなのじゃ！

うんこドリルで学習した場合「記憶の定着」に効果的であることが確認されたのじゃ！

共同研究　東京大学薬学部　池谷裕二教授

1998年に東京大学にて薬博士号を取得。2002〜2005年にコロンビア大学（米ニューヨーク）に留学をはさみ、2014年より現職。専門分野は神経生理学で、脳の健康について探究している。また、2018年よりERATO脳AI融合プロジェクトの代表を務め、AIチップの脳移植による新たな知能の開拓を目指している。
文部科学大臣表彰 若手科学者賞（2008年）、日本学術振興会賞（2013年）、日本学士院学術奨励賞（2013年）などを受賞。

著書：『海馬』『記憶力を強くする』『進化しすぎた脳』
論文：Science 304:559、2004、同誌 311:599、2011、同誌 335:353、2012

先生のコメントはウラへ ⬅

教育において、ユーモアは児童・生徒を学習内容に注目させるために広く用いられます。先行研究によれば、ユーモアを含む教材では、ユーモアのない教材を用いたときよりも学習成績が高くなる傾向があることが示されていました。これらの結果は、ユーモアによって児童・生徒の注意力がより強く喚起されることで生じたものと考えられますが、ユーモアと注意力の関係を示す直接的な証拠は示されてきませんでした。そこで本研究では9〜10歳の子どもを対象に、電気生理学的アプローチを用いて、ユーモアが注意力に及ぼす影響を評価することとしました。

本研究では、ユーモアが脳波と記憶に及ぼす影響を統合的に検討しました。心理学の分野では、ユーモアが学習促進に役立つことが提唱されていますが、ユーモアが学習における集中力にどのような影響を与え、学習を促すのかについてはほとんど知られていません。しかし、記憶のエンコーディングにおいて遅いγ帯域の脳波が増加することが報告されていることと、今回我々が示した結果から、ユーモアは遅いγ波を増強することで学習促進に有用であることが示唆されます。
さらに、ユーモア刺激によるβ波強度の増加も観察されました。β波の活動は視覚的注意と関連していることが知られていること、集中力の程度は体の動きで評価できることから、本研究の結果からは、ユーモアがβ波強度の増加を介して集中度を高めている可能性が考えられます。

これらの結果は、ユーモアが学習に良い影響を与えるという
instructional humor processing theory を支持するものです。

※ J. Neuronet., 1028:1-13, 2020　http://neuronet.jp/jneuronet/007.pdf　　　　**東京大学薬学部　池谷裕二教授**

詳しい情報は
こちらをチェック！

できたねシール

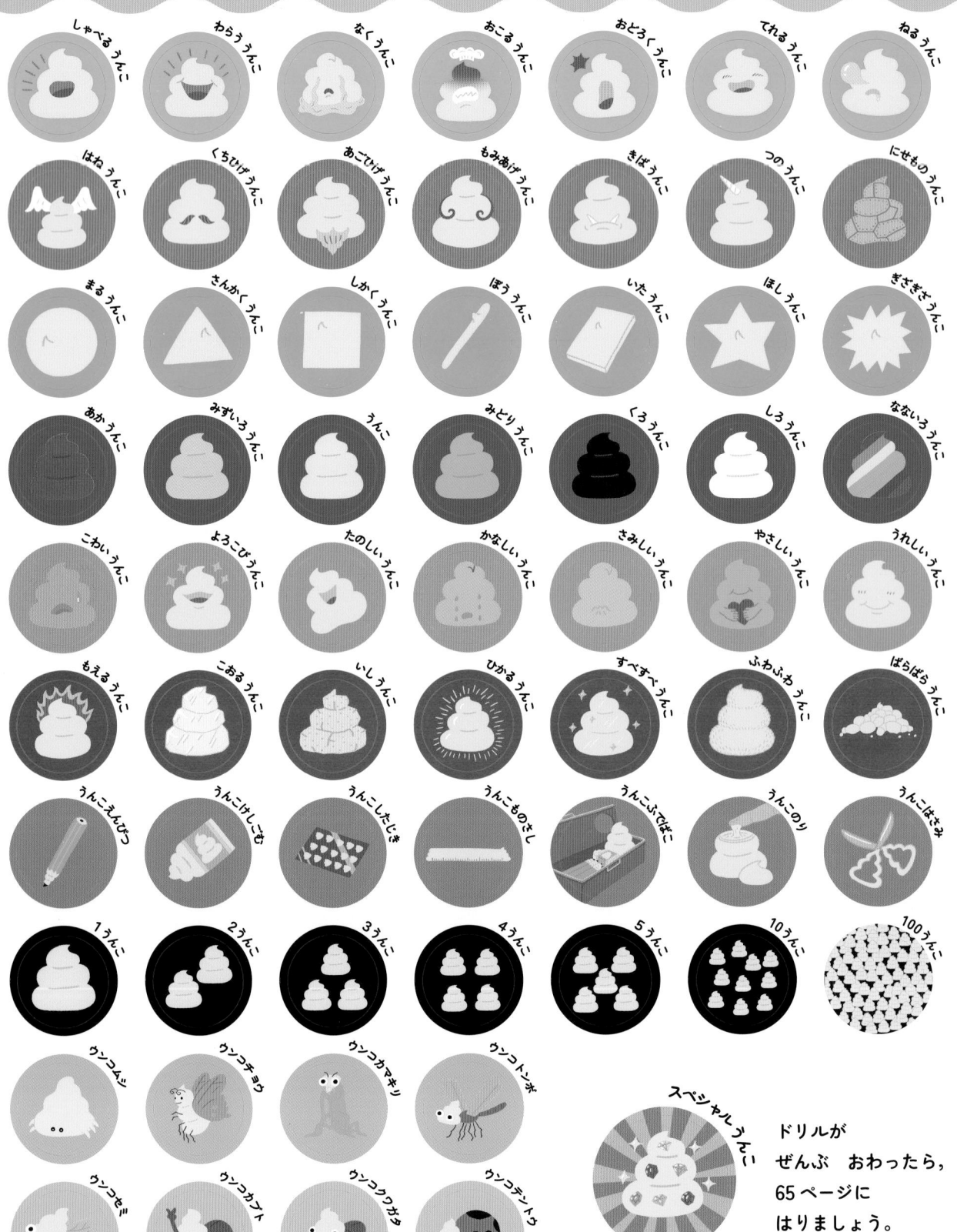

しゃべるうんこ　わらううんこ　なくうんこ　おこるうんこ　おどろくうんこ　てれるうんこ　ねるうんこ

はねうんこ　くちびげうんこ　あごひげうんこ　もみあげうんこ　きばうんこ　つのうんこ　にせものうんこ

まるうんこ　さんかくうんこ　しかくうんこ　ぼううんこ　いたうんこ　ほしうんこ　ぎざぎざうんこ

あかうんこ　みずいろうんこ　うんこ　みどりうんこ　くろうんこ　しろうんこ　なないろうんこ

こわいうんこ　よろこびうんこ　たのしいうんこ　かなしいうんこ　さみしいうんこ　やさしいうんこ　うれしいうんこ

もえるうんこ　こおるうんこ　いしうんこ　ひかるうんこ　すべすべうんこ　ふわふわうんこ　ばらばらうんこ

うんこえんぴつ　うんこけしごむ　うんこしたじき　うんこものさし　うんこふでばこ　うんこのり　うんこはさみ

1うんこ　2うんこ　3うんこ　4うんこ　5うんこ　10うんこ　100うんこ

ウンコムシ　ウンコチョウ　ウンコカマキリ　ウンコトンボ

ウンコゼミ　ウンコカブイ　ウンコクワガタ　ウンコテントウ

スペシャルうんこ

ドリルが
ぜんぶ おわったら,
65ページに
はりましょう。

☁ したの えを みて, ｛ ｝に かずを かきましょう。

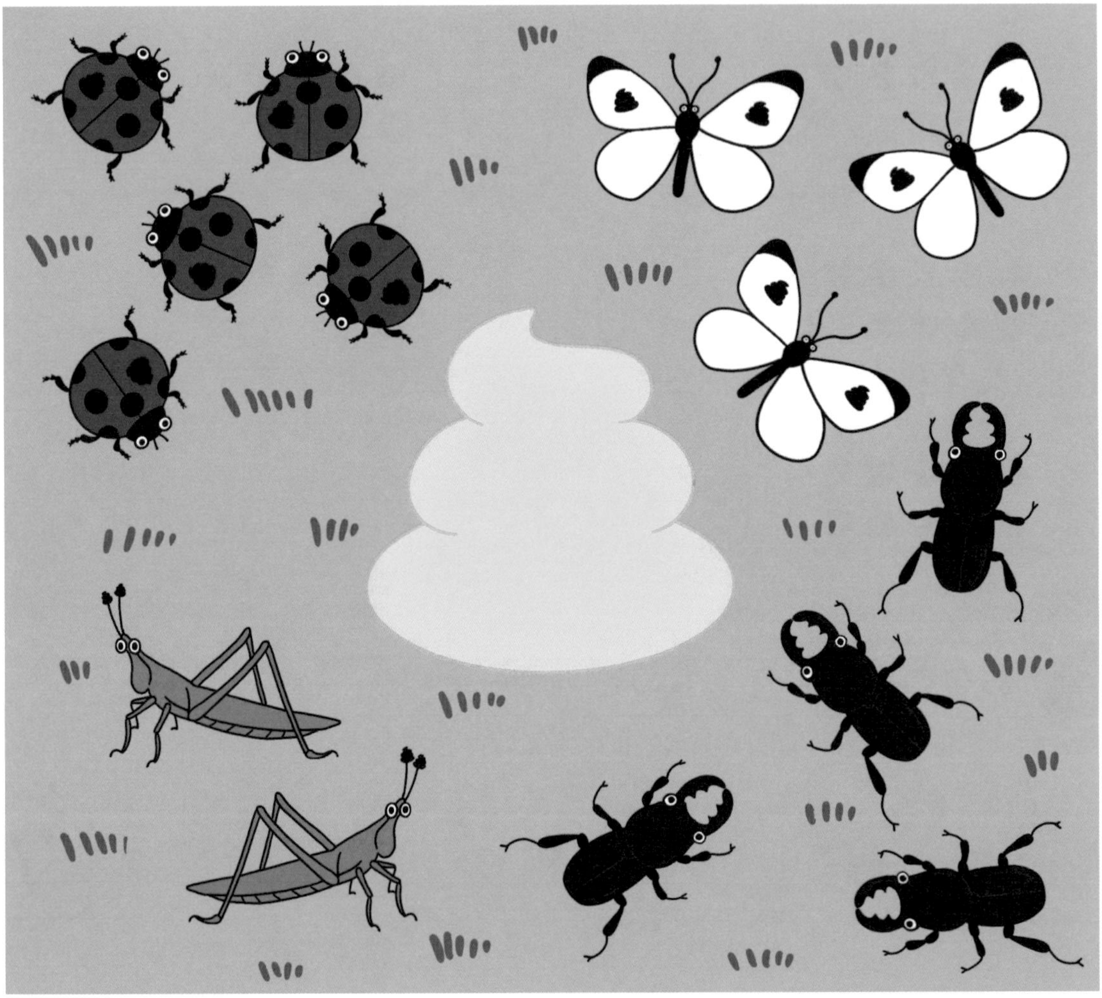

① 🦗 は ｛　　　｝　　② 🪲 は ｛　　　｝

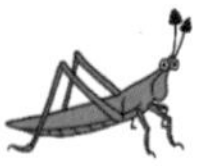

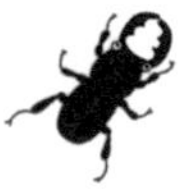

③ 💩 は ｛　　　｝　　④ 🐞 は ｛　　　｝

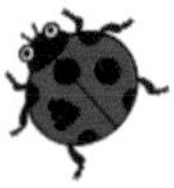

⑤ 🦋 は ｛　　　｝

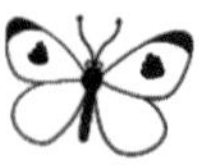

10までの かず②

1 ●の かずを ｛ ｝に かきましょう。

①  ｛　｝ ② ｛　｝

③ ｛　｝ ④ ｛　｝

⑤ 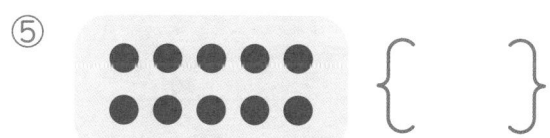 ｛　｝

2 おなじ かずの ものを 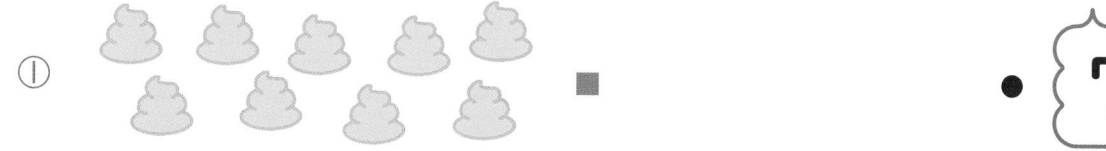で むすびましょう。

① ■　　　　　　• ｛7｝

② ■　　　　　　• ｛9｝

③ ■　　　　　　• ｛10｝

いくつと いくつ①

べんきょうした ひ
がつ
にち

できたね
シールを
はろう。

 { } に あう かずを かきましょう。

 5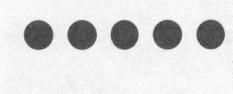

① 5は 3と { }

② 5は { } と 1

 6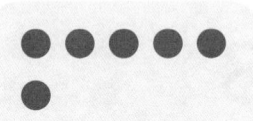

③ 6は 5と { }

④ 6は { } と 3

 あわせて 7に なるように 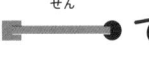せん で むすびましょう。

①

②

③

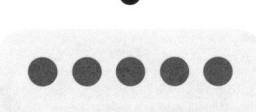

 1

いくつと　いくつ②

1 〔　〕に　あう　かずを　かきましょう。

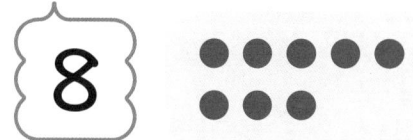 　　　　　　　　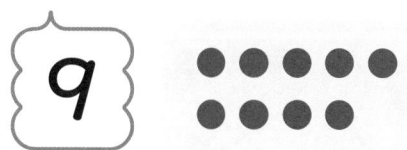

① 8は　5と　{　　　}

② 8は　{　　　}と　6

③ 9は　4と　{　　　}

④ 9は　{　　　}と　1

2 あと　いくつで　10に　なりますか。　〔　〕に　あう
かずを　かきましょう。

① 　　　　　　　　　　あと　{　　　}

② 　　　　　　　　　　あと　{　　　}

③ 　　　　　　　　　　あと　{　　　}

かずの ならびかた ①

 えを みて、⬚に あう かずを かきましょう。

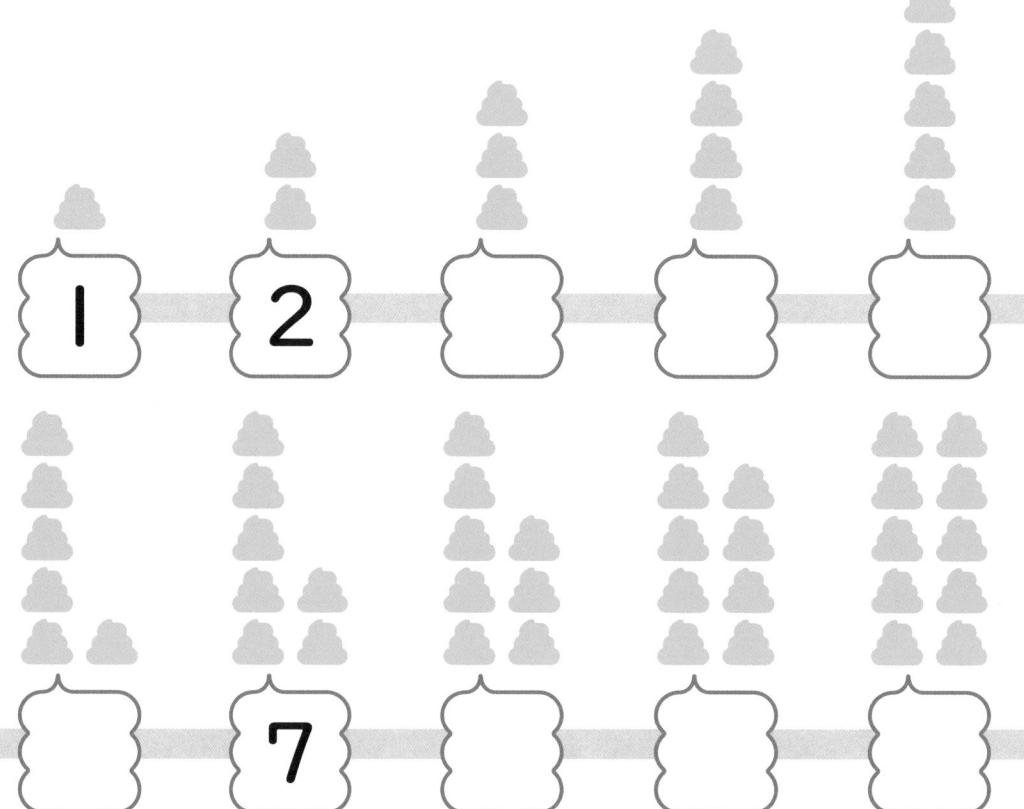

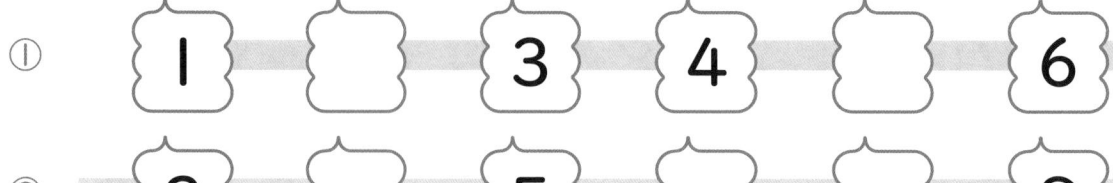 ⬚に あう かずを かきましょう。

①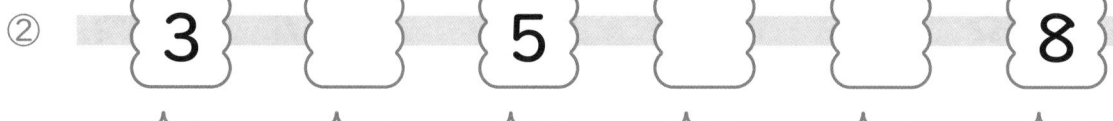

②

③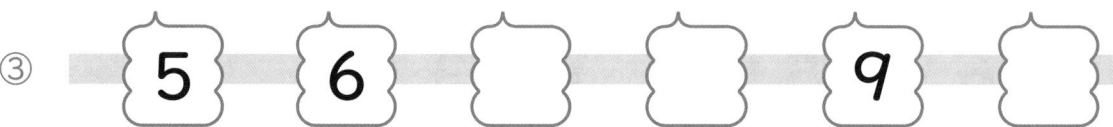

6 すう

かずの ならびかた ②

べんきょうした ひ
がつ
にち

できたね
シールを
はろう。

1 えを みて、☐に あう かずを かきましょう。

2 ☐に あう かずを かきましょう。

① 10 ☐ 8 7 ☐ ☐

② 8 ☐ ☐ ☐ 4 3

③ 6 5 ☐ 3 ☐ ☐

1 と では，どちらが おおいですか。
おおい ほうの ｛ ｝に ○を かきましょう。

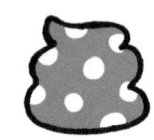 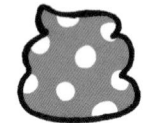 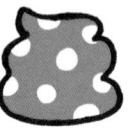 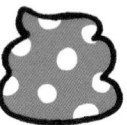 ｛ ｝

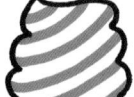 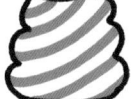    ｛ ｝

2 おおい ほうの ｛ ｝に ○を かきましょう。

①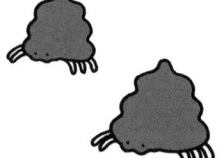

｛ ｝ ｛ ｝

②

｛ ｝ ｛ ｝

③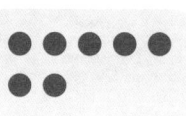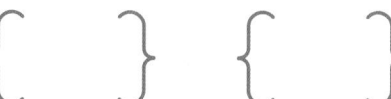

｛ ｝ ｛ ｝

④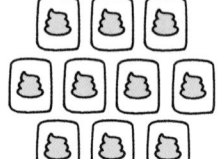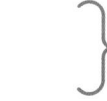

｛ ｝ ｛ ｝

どちらが おおきい ②

1 かずが おおきい ほうの { } に ○を かきましょう。

①

{ }   { }

②

6   7

{ }   { }

2 かずが おおきい ほうを ○で かこみましょう。

①    ②

③    ④

 **9**
すう

なんばんめ ①

べんきょうした ひ

がつ

にち

できたね
シールを
はろう。

 1 したの えを みて こたえましょう。

① ひだりから 3この うんこを ○で かこみましょう。

② ひだりから 3こめの うんこを ○で かこみましょう。

2 したの えを みて こたえましょう。

① まえから 4ひきに いろを ぬりましょう。

② まえから 4ひきめに いろを ぬりましょう。

③ うしろから 2ひきめに いろを ぬりましょう。

9

10 すう

なんばんめ ②

べんきょうした ひ

がつ

にち

できたね
シールを
はろう。

1 したの えを みて， ▢には あう かずを，
{ }には あう なまえを かきましょう。

 ひだり

レッド

ブルー

ピンク

グリーン

イエロー

ブラック
みぎ

①  イエロー は ひだりから ▢ばんめです。

② みぎから 3ばんめは { } です。

③  ピンク は ひだりから ▢ばんめで，

みぎから ▢ばんめです。

2 みぎの えを みて， ▢には
あう かずを， { }には
あう なまえを かきましょう。

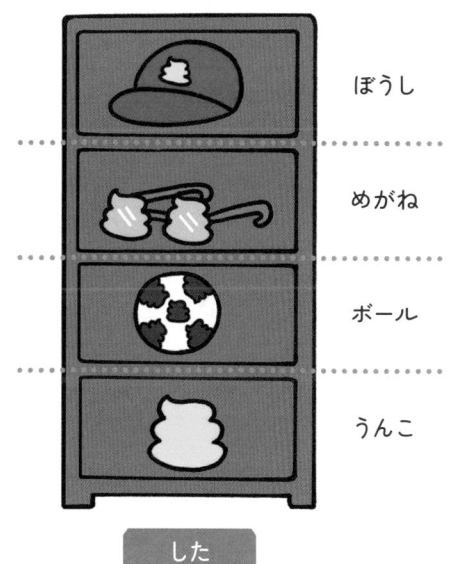
うえ

ぼうし

めがね

ボール

うんこ

した

① 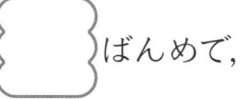 うんこ は うえから ▢ばんめです。

② したから 3ばんめは

{ } です。

20までの かず ①

べんきょうした ひ
がつ
にち

できたね
シールを
はろう。

1 えを みて, { }に あう かずを かきましょう。

① { }こ

② { }ほん

2 { }に ブロックの かずを かきましょう。

① { }

② { }

③ { }

20までの かず②

1 えを みて, 〔 〕に あう うんこの かずを かきましょう。

①  〔　〕こ

②  〔　〕こ

③  〔　〕こ

2 〔 〕に あう かずを かきましょう。

① 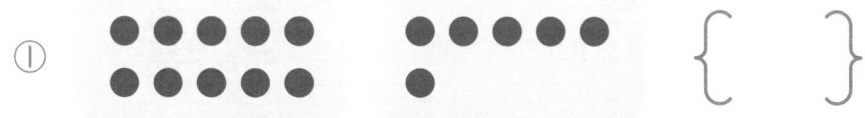 〔　〕

② 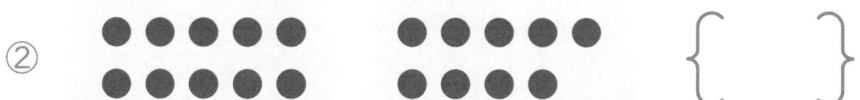 〔　〕

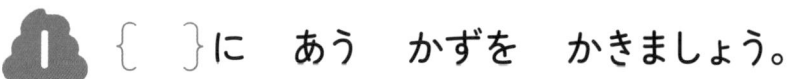 { } に あう かずを かきましょう。

① 10と 5で { }

 と

② 10と { } で 13

③ 18は 10と { }

 に あう かずを かきましょう。

①

14
|
10　{ }

②

17
|
{ }　7

③

{ }
|
10　2

④

20
|
10　{ }

10と いくつ②

べんきょうした ひ

がつ

にち

できたね
シールを
はろう。

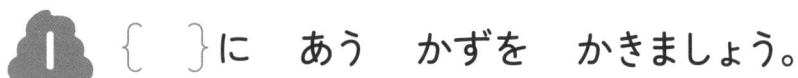 1 { }に あう かずを かきましょう。

① 10と 6で { }

10と いくつかに わけて
かんがえるのじゃ。

② 10と 1で { }

③ 10と 8で { }

④ 10と { }で 15

⑤ 10と { }で 19

⑥ { }と 4で 14

⑦ { }と 10で 20

2 { }に あう かずを かきましょう。

① 17は 10と { }

② 12は 10と { }

③ 13は { }と 3

④ 16は { }と 6

⑤ { }は 10と 4

⑥ { }は 10と 10

かずの ならびかた ③

1 0から 20までの かずを じゅんに ならべます。
⌇に あう かずを かきましょう。

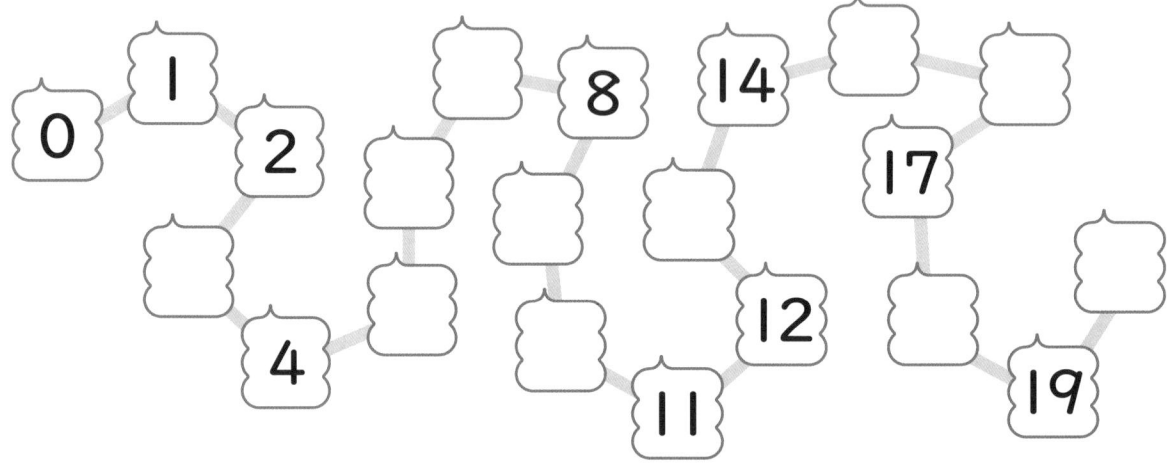

2 どこまで すすみましたか。{ } に すすんだ かずを
かきましょう。

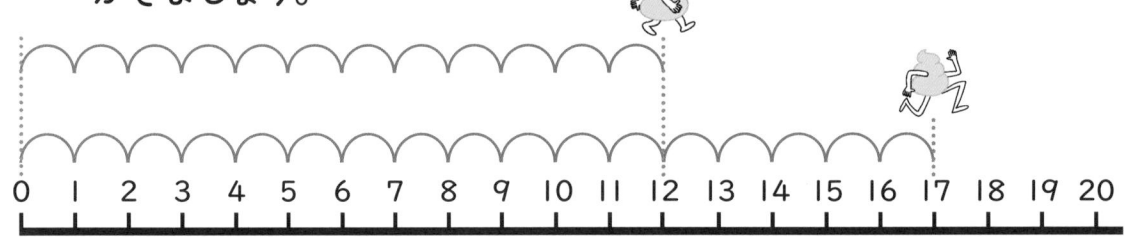

①  は { }　　② は { }

3 かずのせんの ⌇に あう かずを かきましょう。

1 □に あう かずを かきましょう。

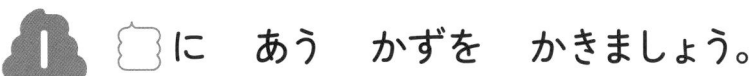

① 11 12 □ 14 □ 16

② 15 □ □ 18 19 □

③ 10 12 □ 16 □

2 □に あう かずを かきましょう。

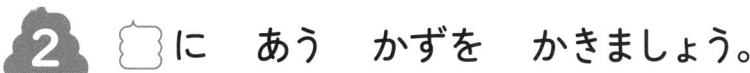

① 18 17 □ □ 14 □

② 20 □ 16 14 □ 10

3 かずのせんの □に あう かずを かきましょう。

①

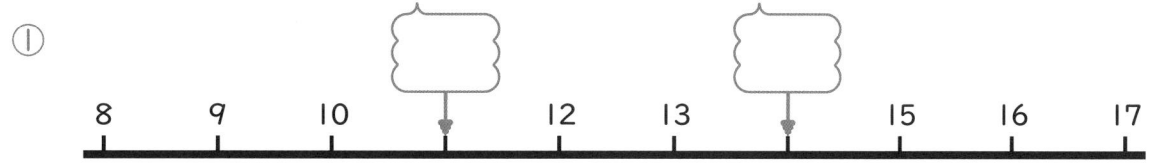

8　9　10　□　12　13　□　15　16　17

②

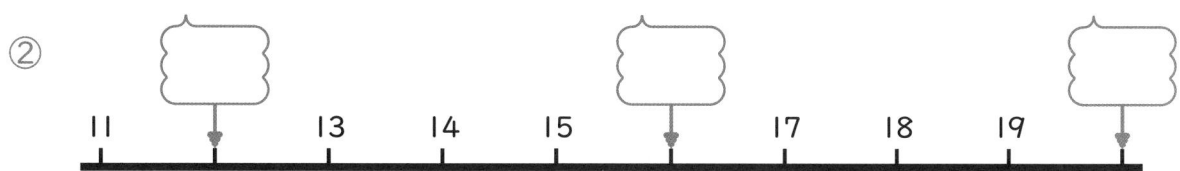

11　□　13　14　15　□　17　18　19　□

17
すう

どちらが おおきい ③

べんきょうした ひ

がつ

にち

できたね
シールを
はろう。

1 どちらが おおいですか。おおい ほうの ｛ ｝に
○を かきましょう。

① 　　　

｛　　｝　　　　　　　　｛　　｝

② 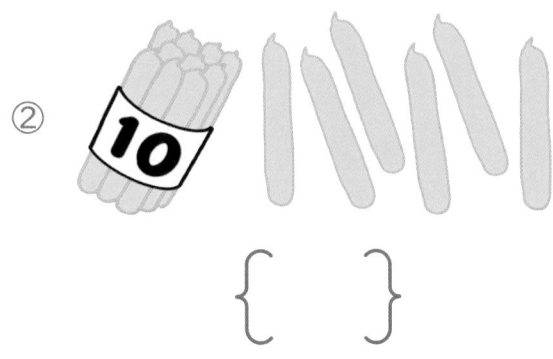　　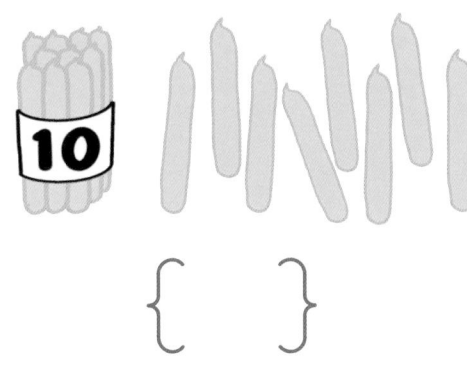

｛　　｝　　　　　　　　｛　　｝

2 かずが おおきい ほうを ○で かこみましょう。

① 　②

③ 　④

どちらが おおきい④

べんきょうした ひ

がつ

にち

できたね
シールを
はろう。

1 どちらが おおきいですか。おおきい ほうの かずを
〔　〕に かきましょう。

かずのせんで
みぎに ある ほうが
おおきいぞい。

① 12 と 10 ➡ 〔　　　　〕

② 17 と 20 ➡ 〔　　　　〕

2 かずのせんを みて，〔　〕に あう かずを
かきましょう。

```
0  1  2  3  4  5  6  7  8  9  10  11  12  13  14  15  16  17  18  19  20
```

① 10より 3 おおきい かずは 〔　　　〕です。

② 15より 2 おおきい かずは 〔　　　〕です。

③ 12より 4 おおきい かずは 〔　　　〕です。

④ 14より 2 ちいさい かずは 〔　　　〕です。

⑤ 18より 3 ちいさい かずは 〔　　　〕です。

100までの　かず ①

 えを　みて，{ }に　あう　かずを　かきましょう。

①
10が 3こで 30

30と 6で　{ 　　　 }

②
10が 7こで　{ 　　　 }

 えを　みて，{ }に　あう　かずを　かきましょう。

① 　{ 　　　 }

② 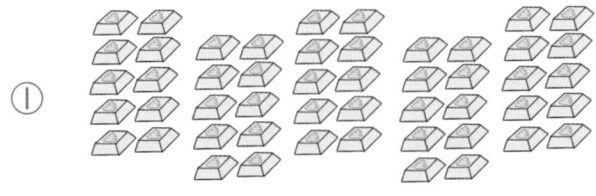　{ 　　　 }

③ 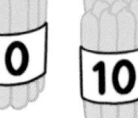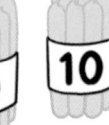　{ 　　　 }

100までの かず②

べんきょうした ひ
がつ
にち

できたね
シールを
はろう。

1 〔 〕に あう すうじを
かきましょう。

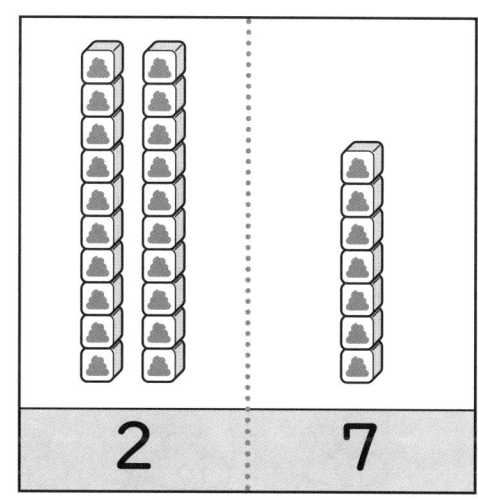

① 十_{じゅう}のくらいの　すうじは　〔　　〕

② 一_{いち}のくらいの　すうじは　〔　　〕

2 〔 〕に あう すうじを かきましょう。

① 48の　十のくらいは　〔　　　〕，一のくらいは　〔　　　〕

② 91の　十のくらいは　〔　　　〕，一のくらいは　〔　　　〕

3 〔 〕に あう かずを かきましょう。

① 十のくらいが　6，一のくらいが　5の　かずは　〔　　　〕

② 十のくらいが　8，一のくらいが　3の　かずは　〔　　　〕

③ 十のくらいが　5，一のくらいが　0の　かずは　〔　　　〕

 1 えを みて, { } に あう かずを かきましょう。

10が 4こで { }

1が 9こで { }

40と 9で { }

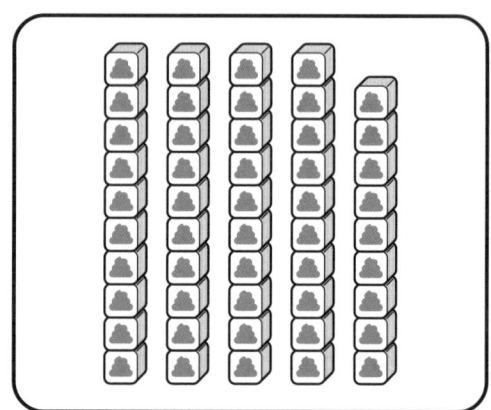

2 { } に あう かずを かきましょう。

① 10が 7こと 1が 2こで { }

② 10が 5こと 1が 6こで { }

③ 10が 9こで { }

④ 24は 10が { } こと 1が { } こ

⑤ 81は 10が { } こと 1が { } こ

⑥ 60は 10が { } こ

100までの かず④

 えを みて, { } に あう かずを かきましょう。

10が 10こで { }

 {} に あう かずを かきましょう。

① 〔 77 〕 〔 78 〕 〔 〕 〔 〕 〔 81 〕 〔 〕

② 〔 50 〕 〔 〕 〔 70 〕 〔 80 〕 〔 〕 〔 〕

3 かずが おおきい ほうを ○で かこみましょう。

① 〔 40 〕 〔 39 〕   ② 〔 87 〕 〔 91 〕

4 かずのせんを みて, { } に あう かずを かきましょう。

```
        60                        70
|—|—|—|—|—|—|—|—|—|—|—|—|—|—|—|—|—|—|—|—|
```

① 64より 3 おおきい かずは { } です。

② 75より 4 ちいさい かずは { } です。

100より おおきい かず ①

 えを みて, 〔 〕に あう かずを かきましょう。

① 100と 14で 〔　　　〕

② 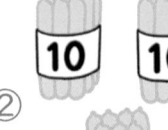 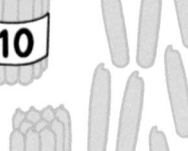 100と 7で 〔　　　〕

 〔 〕に あう かずを かきましょう。

① 100と 16で 〔　　　〕　　② 100と 20で 〔　　　〕

 かずのせんの □に あう かずを かきましょう。

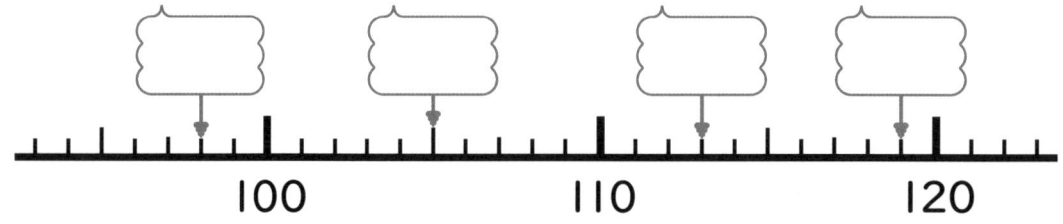

べんきょうした ひ

がつ

にち

できたね
シールを
はろう。

1 ◻️に あう かずを かきましょう。

① 97　98　◻️　◻️　101

② 109　◻️　111　◻️　113

③ 118　119　◻️　◻️　122

2 100より おおきい かずを すべて 〇で かこみましょう。

103　110　90　112　99　124

3 かずが おおきい ほうを 〇で かこみましょう。

① 98　102　　② 111　106

③ 120　117　　④ 121　123

25
たんい

なんじ ①

べんきょうした ひ

がつ

にち

できたね
シールを
はろう。

 1 なんじですか。

①

みじかい はりで
「なんじ」を よみます。

ながい はりが
「12」を さして
いる ときじゃ。

「6」を さして いるから { 　　　　 }。

②

{ 　　　　 }

③

{ 　　　　 }

④

{ 　　　　 }

⑤

{ 　　　　 }

なんじ ②

できたね
シールを
はろう。

 なんじですか。

①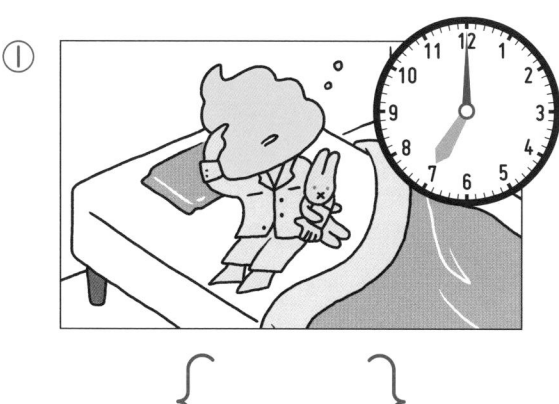

{　　　　}

②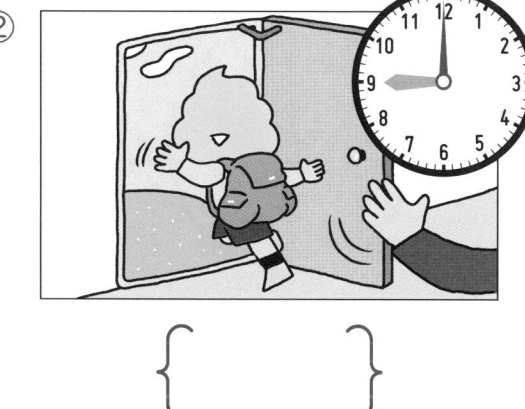

{　　　　}

③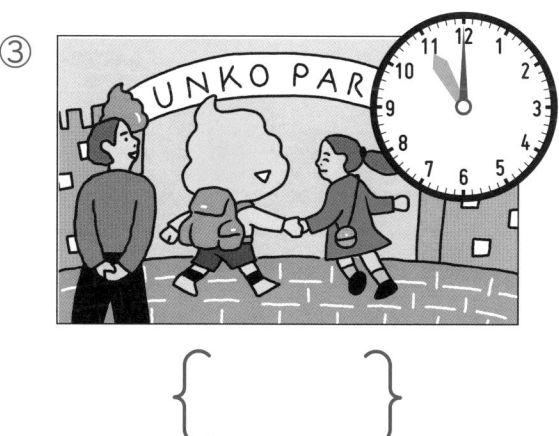

{　　　　}

④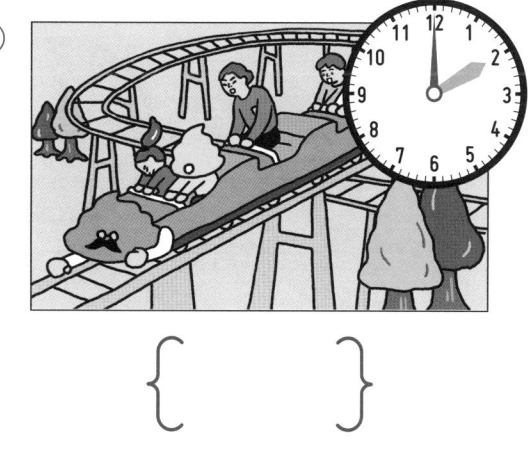

{　　　　}

⑤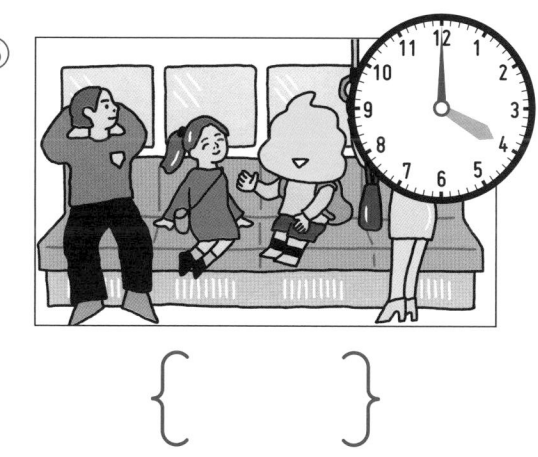

{　　　　}

⑥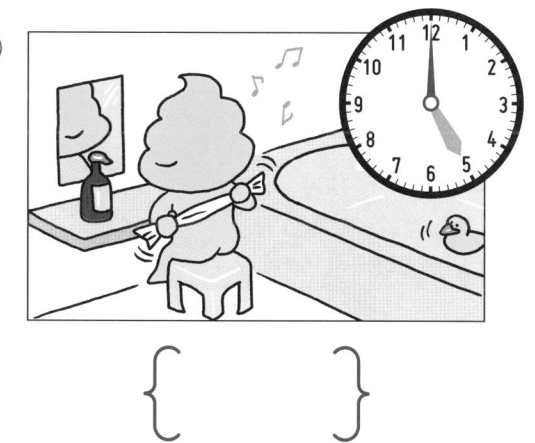

{　　　　}

なんじ ③

 とけいに みじかい はりを かきましょう。

① 6じ

② 10じ

③ 3じ

④ 8じ

 5じの とけいは どれですか。
〔　〕に ○を かきましょう。

〔　　〕　　〔　　〕　　〔　　〕

28
たんい

なんじはん ①

べんきょうした　ひ
がつ
にち

できたね
シールを
はろう。

 なんじはんですか。

①

みじかい　はりは,
「2」と　「3」の　あいだ。

ながい　はりは,
「6」だから　「○じはん」。

みじかい　はりは
ちいさい　ほうの
かずを　よむのじゃ。

「○じはん」の　「○じ」は,「2」と　「3」の

ちいさい　ほうを　よむから { 　　　　　 }。

②

{ 　　　　　 }

③

{ 　　　　　 }

④

{ 　　　　　 }

⑤

{ 　　　　　 }

なんじはん ②

べんきょうした ひ

がつ

にち

できたね
シールを
はろう。

  なんじはんですか。

①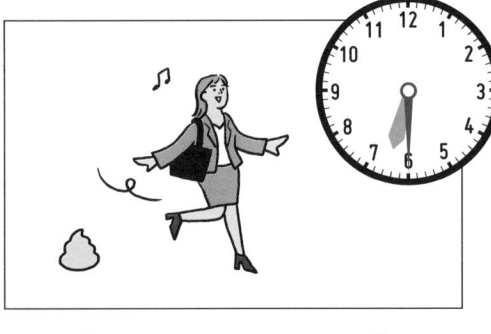

{ }

②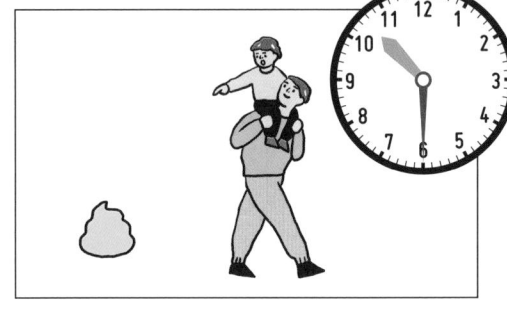

{ }

③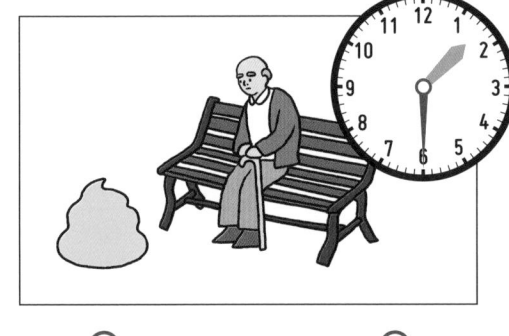

{ }

④

{ }

⑤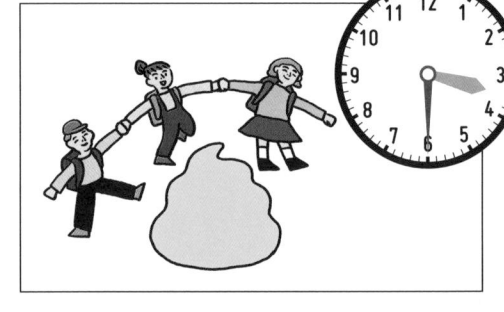

{ }

⑥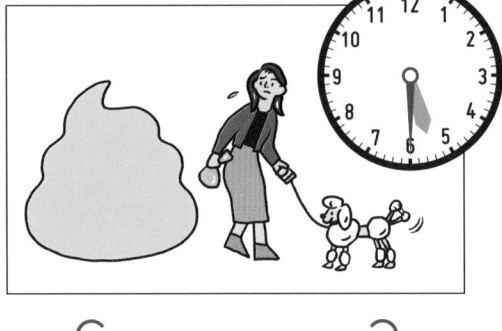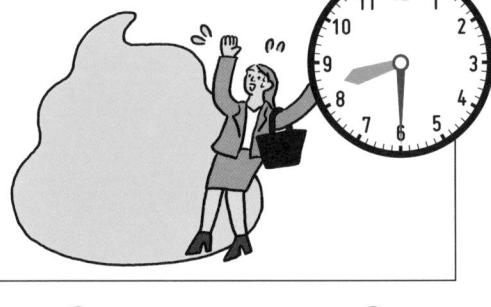

{ }

30
たんい

なんじはん ③

べんきょうした ひ

がつ

にち

できたね
シールを
はろう。

 とけいに　ながい　はりを　かきましょう。

① 9じはん

② 4じはん

2 とけいに　みじかい　はりと　ながい　はりを　かきましょう。

① 1じはん

② 6じはん

 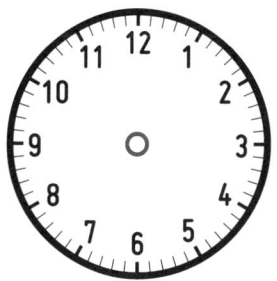

3 11じはんの　とけいは　どれですか。
〔　〕に　○を　かきましょう。

なんじなんぷん ①

できたね
シールを
はろう。

 なんじなんぷんですか。

① みじかい はりは、
「9」と 「10」の あいだ。

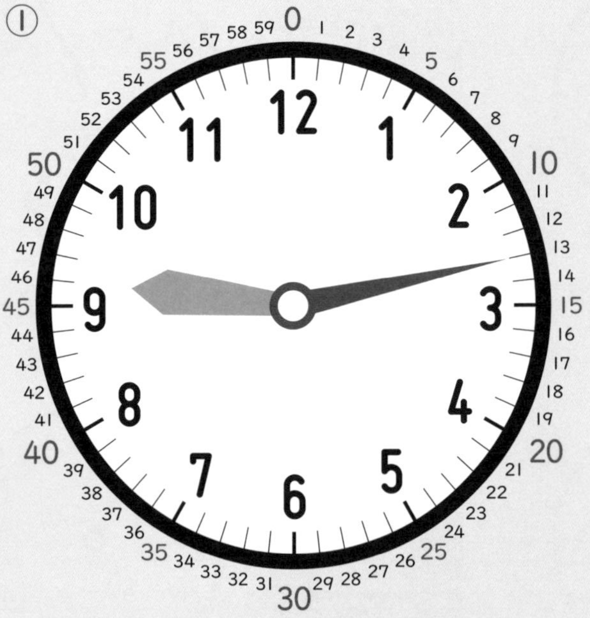

ながい はりは、とけいの
そとの めもりの 「13」。

そとの めもりで
「○ふん」を
よむのじゃ。

「○じ○ぷん」の 「○じ」は、「9」と 「10」の
ちいさい ほうを よむから {　　　　　　　}。

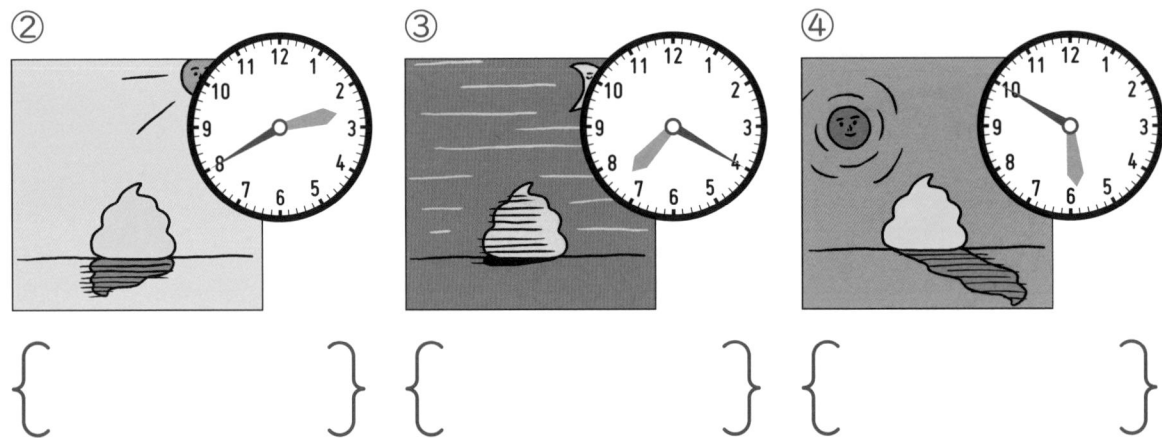

② {　　　　　　　}

③ {　　　　　　　}

④ {　　　　　　　}

32
たんい

なんじなんぷん ②

べんきょうした ひ
がつ
にち

できたね
シールを
はろう。

 1 なんじなんぷんですか。

①

{   }

②

{   }

③

{   }

④

{   }

 2 3じ45ふんの とけいは どれですか。

{   }に 〇を かきましょう。

{   }   {   }   {   }

33
たんい

なんじなんぷん ③

べんきょうした ひ
がつ
にち

できたね
シールを
はろう。

 **1** なんじなんぷんですか。

①

{ } { }

②

{ } { }

③

{ } { }

④

{ } { }

⑤

{ } { }

⑥

{ } { }

34
たんい

なんじなんぷん④

べんきょうした　ひ

がつ

にち

でき たね
シールを
はろう。

1 とけいに　ながい　はりを　かきましょう。

① 9じ38ふん

② 11じ14ぷん

③ 3じ21ぷん

④ 1じ49ふん

2 おなじ　ものを　■━━● で　むすびましょう。

①

②

③

■

■

■

●

●

●

| 10:25 | 6:42 | 4:10 |

ながさ ①

べんきょうした ひ

がつ

にち

1 ながい ほうに ○を かきましょう。

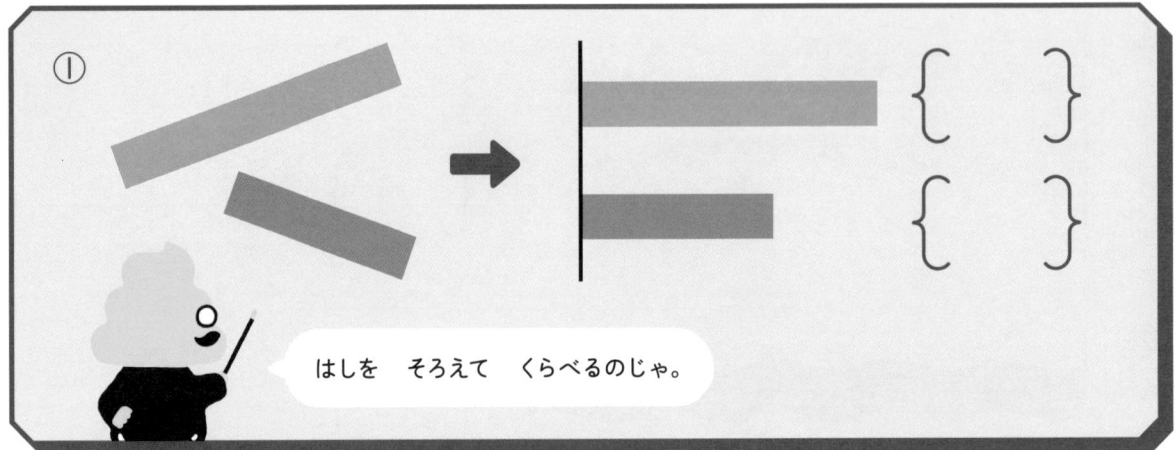

① はしを そろえて くらべるのじゃ。

② { } { }

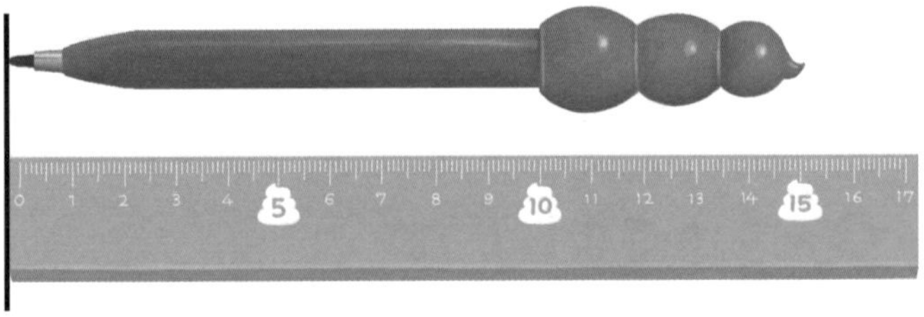

③ { } { }

④ { } { }

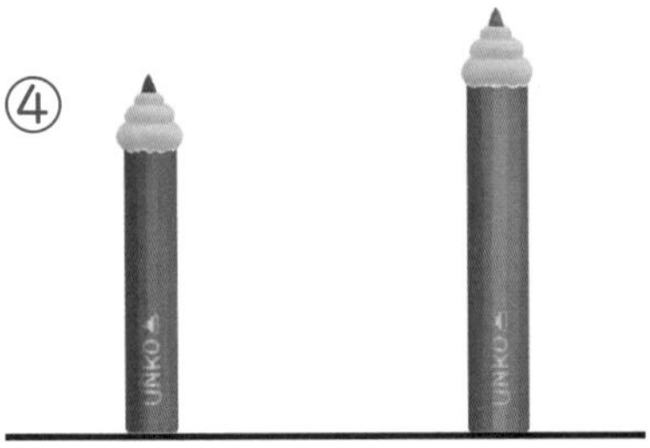

⑤ { } { }

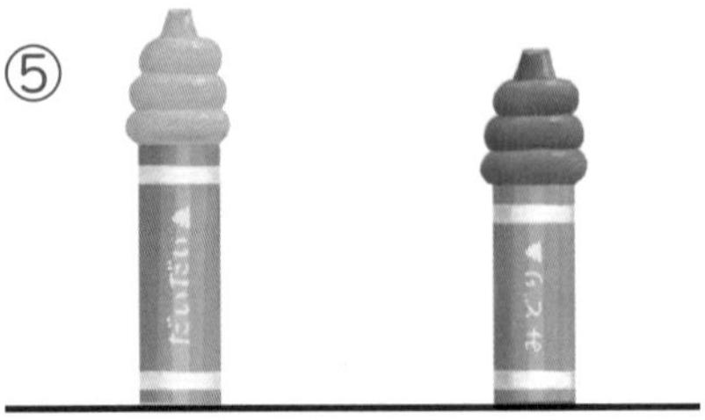

36
たんい

ながさ ②

べんきょうした　ひ
がつ
にち

できたね
シールを
はろう。

 1 ながい　ほうに　○を　かきましょう。

①  ｛　　｝

｛　　｝

まっすぐに　のばして
かんがえるのじゃ。

② ｛　　｝

｛　　｝

 **2** ながい　ほうに　○を　かきましょう。

① 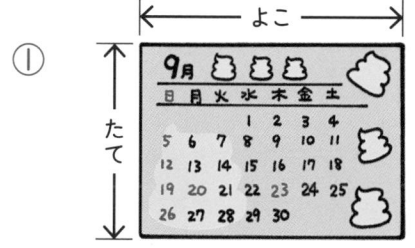 おって　かさねると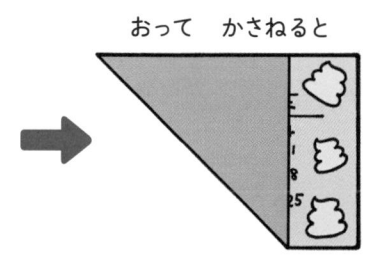

たて ｛　　｝

よこ ｛　　｝

② 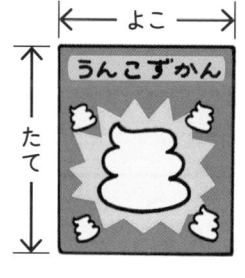 2さつ　かさねると

たて ｛　　｝

よこ ｛　　｝

ながさ ③

できたね
シールを
はろう。

 ① ながい ほうに ○を かきましょう。

① たて

よこ

たて { }   よこ { }

ながさを テープに
うつしとるのじゃ。

② よこ

たて { }

よこ { }

③ たて

よこ

たて { }

よこ { }

ながさ ④

べんきょうした　ひ

がつ

にち

できたね
シールを
はろう。

 ながい　ほうに　〇を　かきましょう。

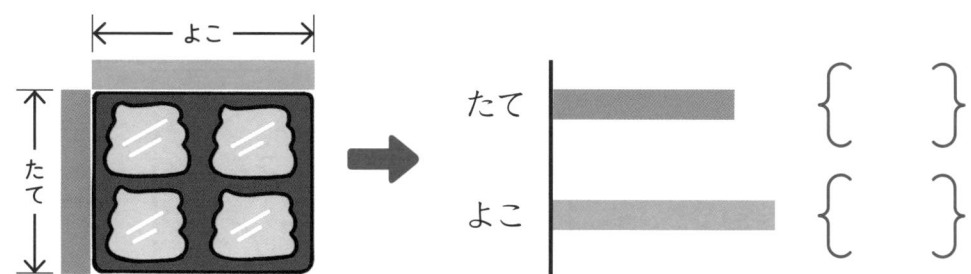

たて

よこ

$\{\quad\}$

$\{\quad\}$

② いろいろな　ものの　ながさを　テープを　つかって
くらべました。$\{\quad\}$に　あう　ことばを　かきましょう。

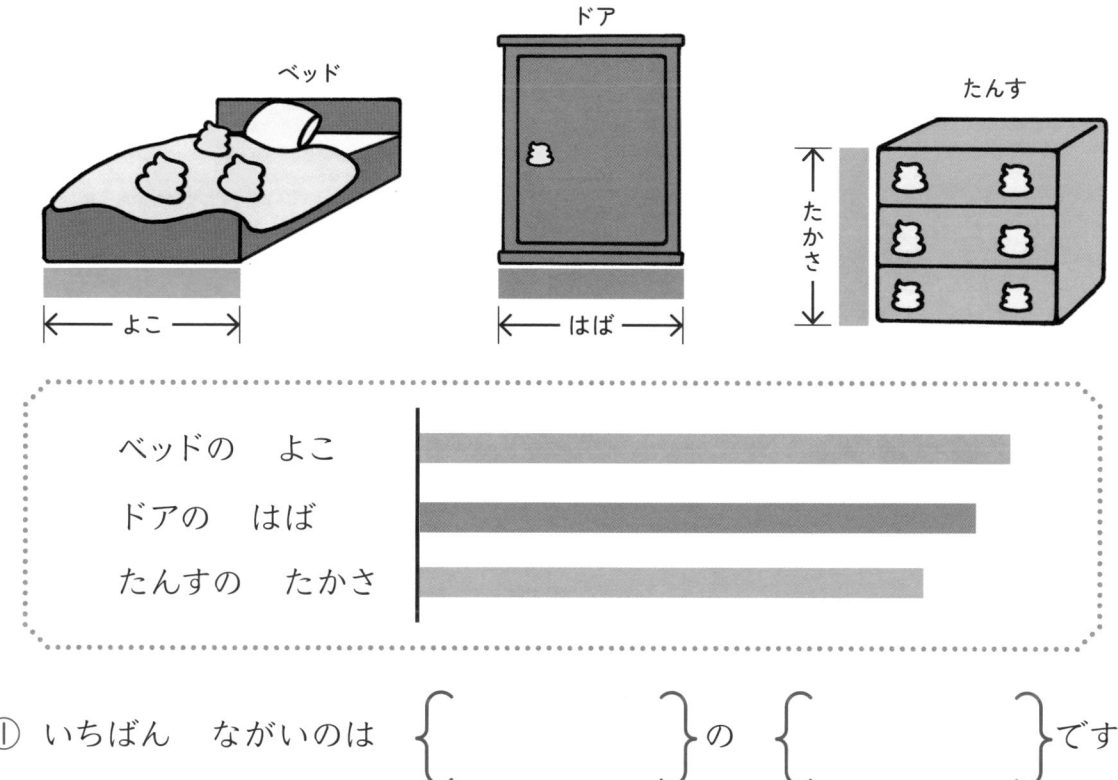

ベッドの　よこ

ドアの　はば

たんすの　たかさ

① いちばん　ながいのは　$\{\qquad\}$の　$\{\qquad\}$です。

② いちばん　みじかいのは　$\{\qquad\}$の　$\{\qquad\}$です。

ながさ ⑤

できたね
シールを
はろう。

 1 したの　えを　みて　こたえましょう。

← よこ →

たて

えんぴつの
なんぼんぶんかで
くらべる　ことが
できるぞい。

① たては　えんぴつ　{　　　}ぼんぶん

② よこは　えんぴつ　{　　　}ほんぶん

③ たてと　よこでは　{　　　　　}の　ほうが　ながい。

2 ながい　ほうに　○を　かきましょう。

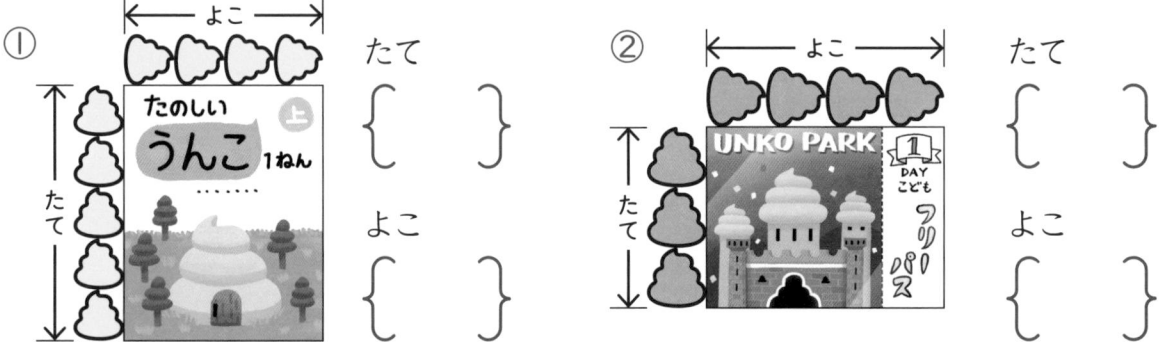

① ← よこ →

たて

たて {　　　}

よこ {　　　}

② ← よこ →

たて

たて {　　　}

よこ {　　　}

ながさ ⑥

 ながい　ほうに　○を　かきましょう。

①

{ 　 }

{ 　 }

②

{ 　 }

{ 　 }

2 ⓐと　ⓘの　ながさを　くらべます。

ⓐ

ⓘ

① ⓐと　ⓘは　うんこの　いくつぶんですか。

ⓐは { 　 } つぶん　　　ⓘは { 　 } つぶん

② どちらが　うんこの　いくつぶん　ながいですか。

{ 　 } が　うんこの { 　 } つぶん　ながい。

ながさ ⑦

たんい 41

べんきょうした ひ

がつ　にち

できたね
シールを
はろう。

1 したの　えを　みて　こたえましょう。

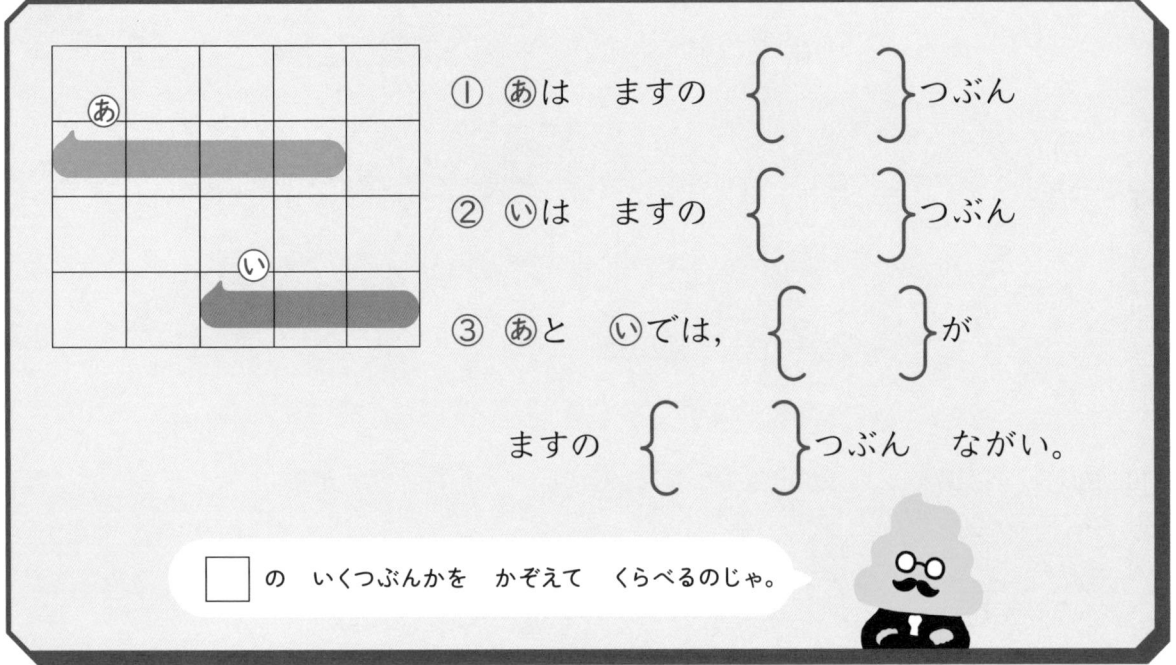

① あは　ますの｛　｝つぶん

② いは　ますの｛　｝つぶん

③ あと　いでは，｛　｝が

ますの　｛　｝つぶん　ながい。

□の　いくつぶんかを　かぞえて　くらべるのじゃ。

2 したの　えを　みて，ながい　じゅんに
あ，い，う，えを　かきましょう。

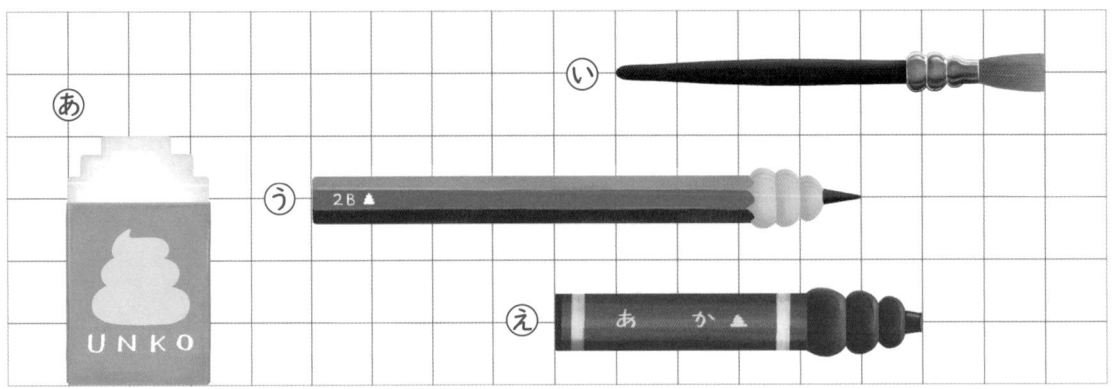

いちばん　ながい　　　　　　　　　　　　　　　　いちばん　みじかい

｛　｝➡｛　｝➡｛　｝➡｛　｝

41

ながさ ⑧

できたね
シールを
はろう。

1 したの えを みて こたえましょう。

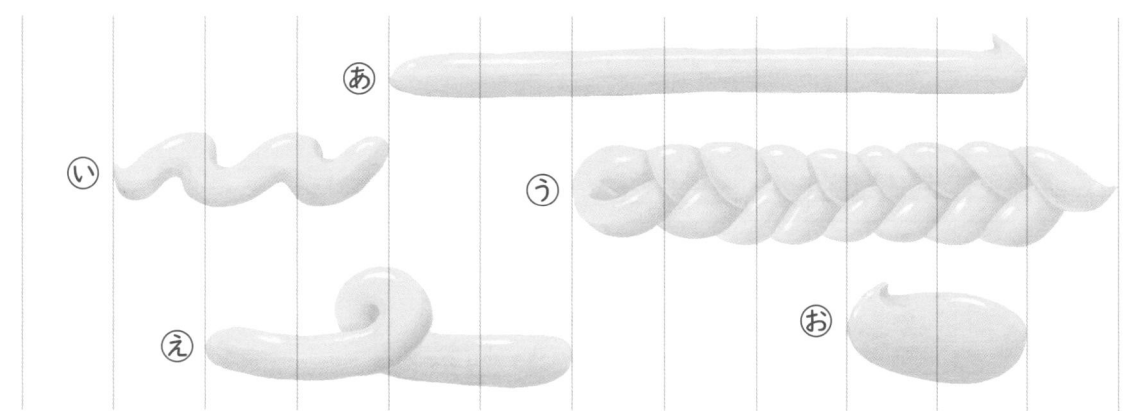

① ⓐと ⓞの ながさは めもりの いくつぶんですか。

ⓐは ｛　　　｝つぶん　　　ⓞは ｛　　　｝つぶん

② ながい じゅんに ⓘ, ⓤ, ⓔ, ⓞを かきましょう。

いちばん ながい　　　　　　　　　　　　　　　　　　　　　　いちばん みじかい

ⓐ ➡ ｛　　　｝ ➡ ｛　　　｝ ➡ ｛　　　｝ ➡ ｛　　　｝

2 うんこが ながい ほうに ○を かきましょう。

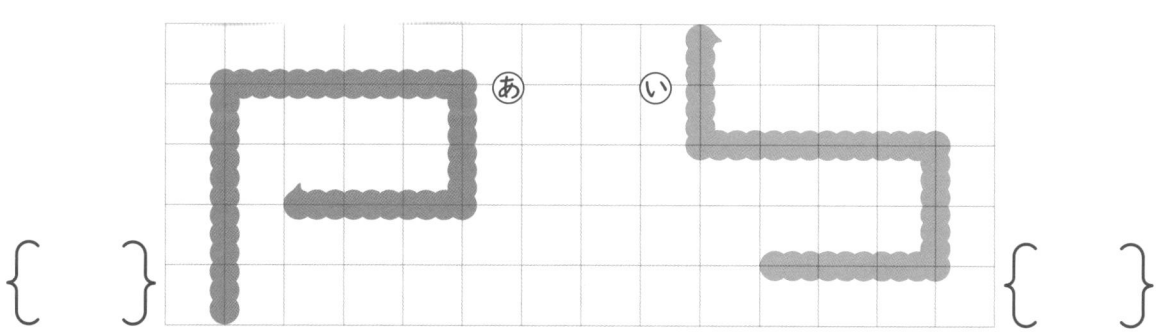

｛　　　｝　　　　　　　　　　　　　　　　　　　　　　　　｛　　　｝

かさ ①

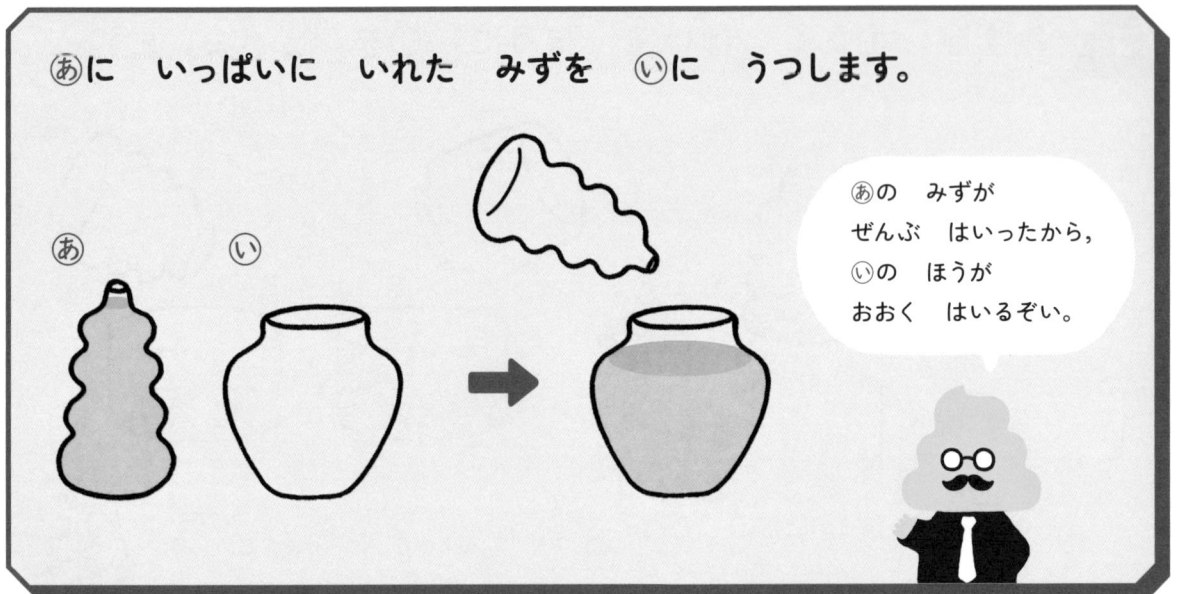

ⓐに いっぱいに いれた みずを ⓘに うつします。

ⓐ　ⓘ

ⓐの みずが
ぜんぶ はいったから,
ⓘの ほうが
おおく はいるぞい。

❗ みずが おおく はいる ほうに ○を かきましょう。

①

{　}　{　}

みずが
あふれた。

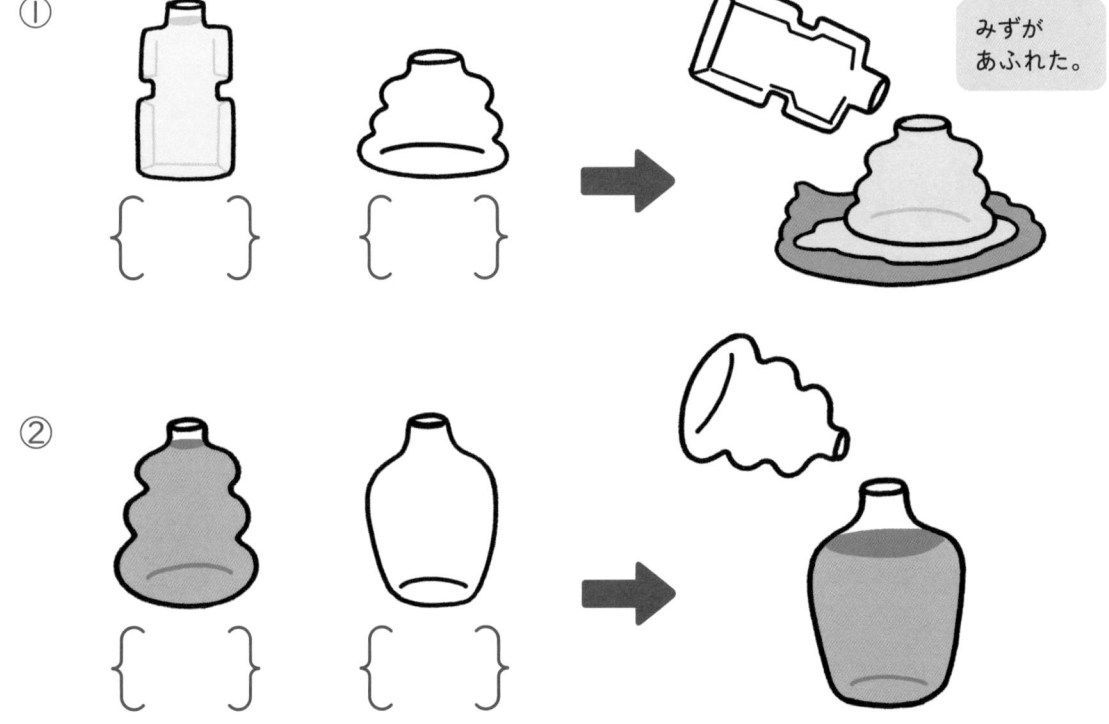

②

{　}　{　}

かさ ②

 1 みずが おおく はいる ほうに ○を かきましょう。

①

{　}　{　}

みずの たかさを くらべるのじゃ。

②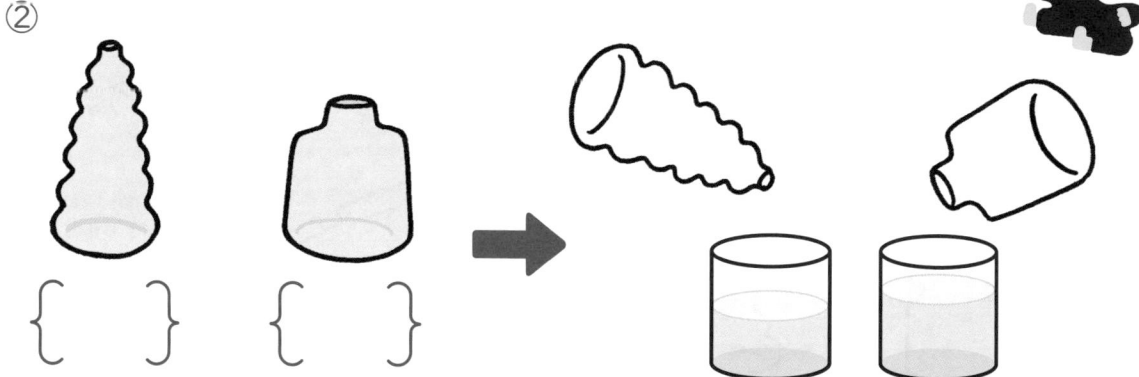

{　}　{　}

2 みずが おおく はいって いる ほうに ○を
かきましょう。

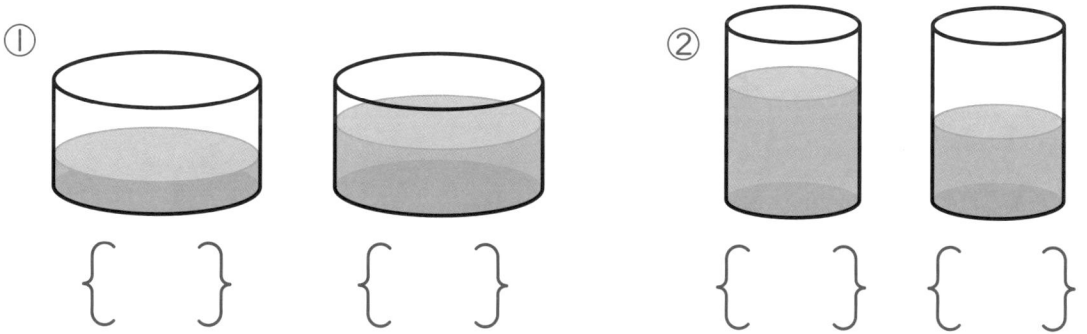

①

{　}　{　}

②

{　}　{　}

45
たんい

かさ ③

べんきょうした ひ
がつ
にち

できたね
シールを
はろう。

みずの たかさが おなじだから, ⓐの いれものと
ⓘの いれものの おおきさで くらべます。

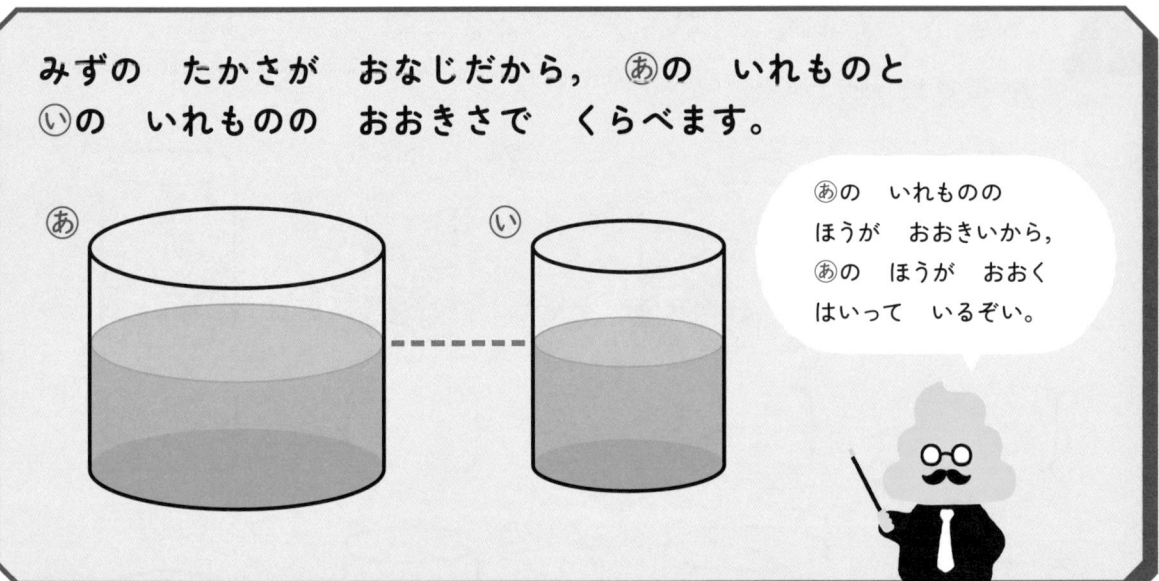

ⓐの いれものの
ほうが おおきいから,
ⓐの ほうが おおく
はいって いるぞい。

みずが おおく はいって いる ほうに
○を かきましょう。

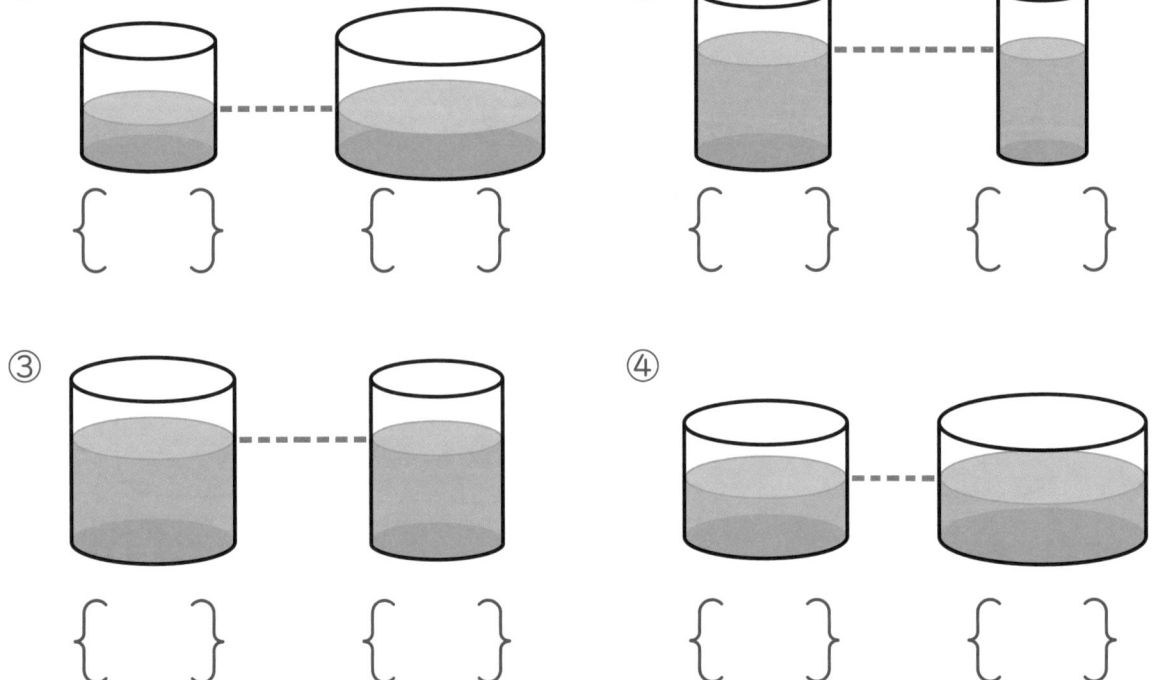

①

{　}　　{　}

②

{　}　　{　}

③

{　}　　{　}

④

{　}　　{　}

かさ ④

できたね
シールを
はろう。

1 みずが おおく はいって いる ほうに ○を かきましょう。

① {　　}　{　　}

② {　　}　{　　}
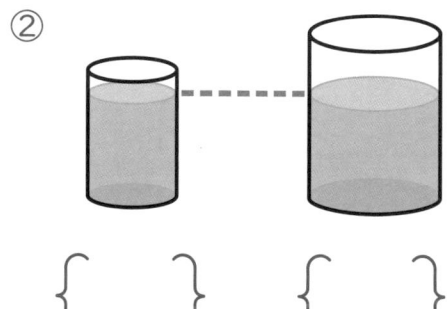

③ {　　}　{　　}

④ {　　}　{　　}
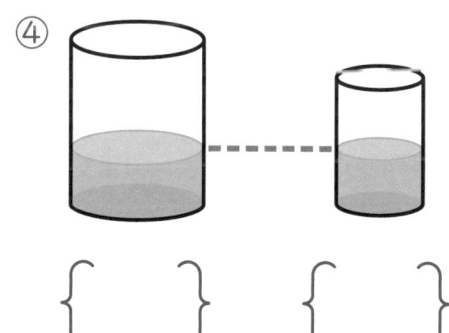

2 みずが おおく はいって いる じゅんに
あ, い, う, え を かきましょう。

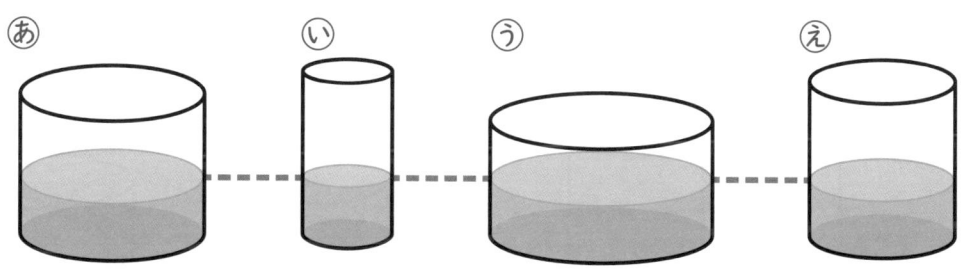

いちばん おおい　　　　　　　　　　　　　　　　いちばん すくない

{　　} ➡ {　　} ➡ {　　} ➡ {　　}

かさ ⑤

いっぱいに　いれた　みずを　おなじ　コップに　うつして，
コップの　かずを　くらべます。

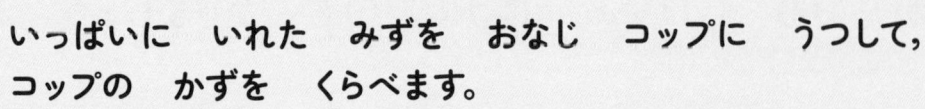

ⓐ

コップ　7はいぶん

ⓘ

コップ　6ぱいぶん

ⓐの　ほうが
コップの　1ぱいぶん
おおく　はいるぞい。

いっぱいに　いれた　みずを　おなじ　コップに
うつしました。

ⓐ

ⓘ

① ⓐ，ⓘに　はいる　みずは，コップの　なんはいぶんですか。

ⓐは 〔　　　〕ばいぶん　　　ⓘは 〔　　　〕はいぶん

② どちらが　コップの　なんはいぶん　おおく　はいりますか。

〔　　　〕が　コップの 〔　　　〕はいぶん　おおく　はいる。

かさ ⑥

できたね
シールを
はろう。

 1 みずが おおく はいる ほうに ○を かきましょう。

① { 　 }
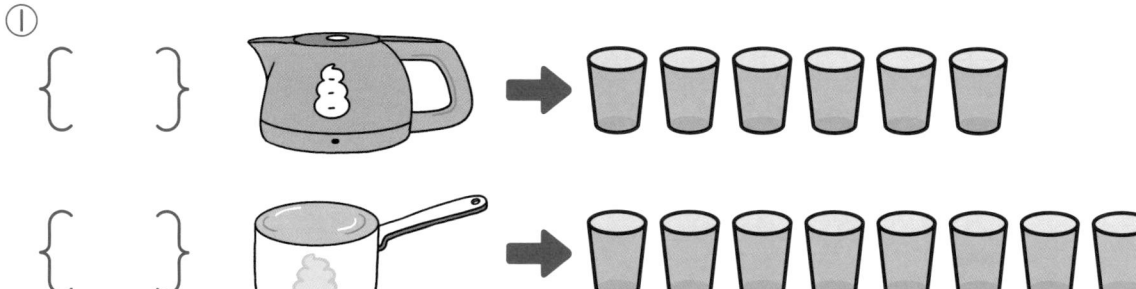

② { 　 }

 2 ⓐに いっぱいに いれた みずを, ⓘに ぜんぶ
いれます。(ⓘには みずが はいって いません。)

みずは こぼれますか, こぼれませんか。どちらかを ○で かこみましょう。

みずは { **こぼれる　　こぼれない** }。

49
たんい

ひろさ ①

べんきょうした ひ

がつ

にち

できたね
シールを
はろう。

かさねて くらべます。

ⓐの ほうが ひろい。

はしを ぴったり あわせて かさねるのじゃ。

💩 1 ひろい ほうに ○を かきましょう。

①

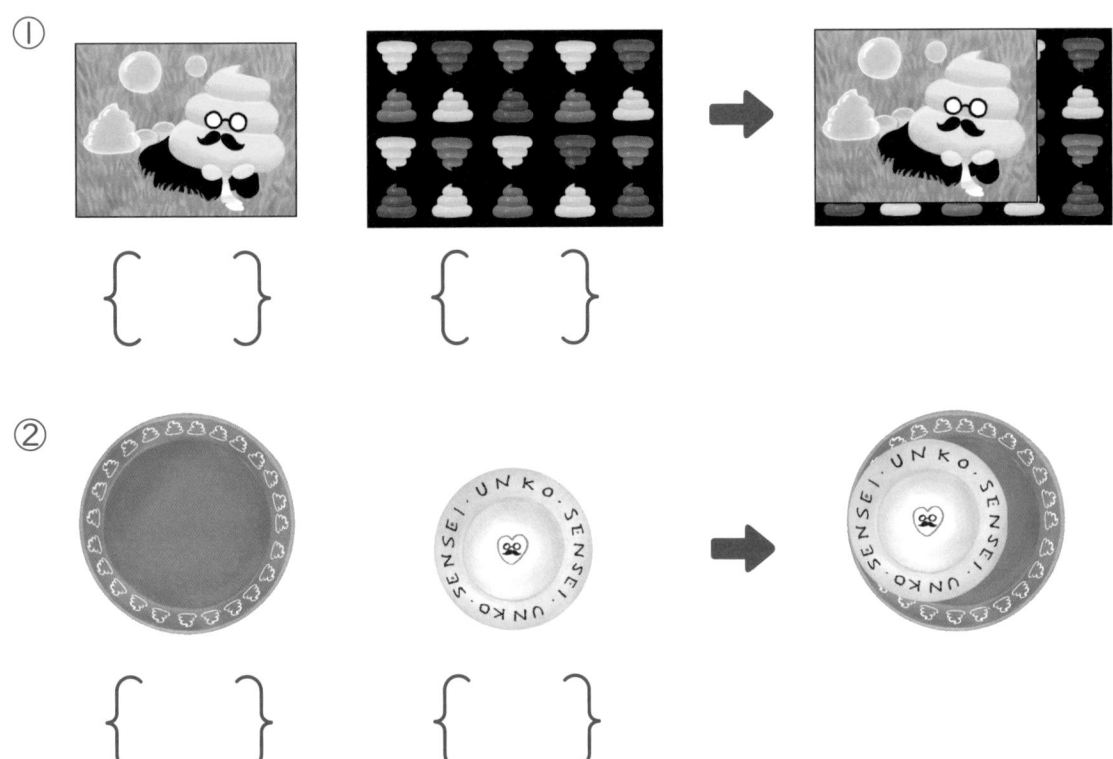

{ }　{ }　{ }　{ }

②

{ }　{ }　{ }　{ }

ひろさ ②

1 ひろさを　かさねて　くらべます。かさねかたが
ただしい　ほうに　○を　かきましょう。

 　{　　}

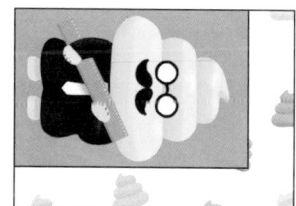　{　　}

2 ㋐, ㋑, ㋒の　3まいの　しゃしんが　あります。
ひろい　じゅんに　㋐, ㋑, ㋒を　かきましょう。

㋐　　㋑　　㋒　　➡　

いちばん　ひろい　　　　　　　　　　　いちばん　せまい
{　　}　➡　{　　}　➡　{　　}

ひろさ ③

カードの　かずで　くらべます。

　あ

　い

・あは　カードの　**9**まいぶん　　・いは　カードの　**8**まいぶん

だから，あの　ほうが　ひろい。

カードの　かずで　ひろさを　くらべる　ことが　できるのじゃ。

1 どちらが　ひろいですか。

① あ 　い 　➡ { 　 }の ほうが　ひろい。

② あ 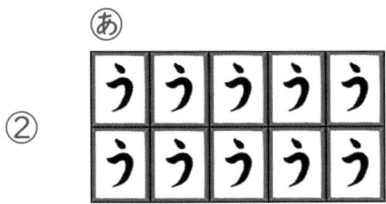　い 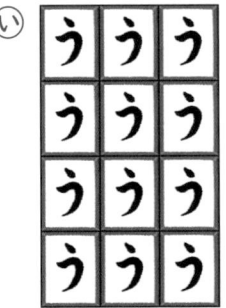　➡ { 　 }の ほうが　ひろい。

ひろさ ④

できたね
シールを
はろう。

 **1** ひろい ほうに ○を かきましょう。

① { }  { }

② { } { }

 **2** あ, い, うの かたちに ますを ぬりました。
ひろい じゅんに あ, い, うを かきましょう。

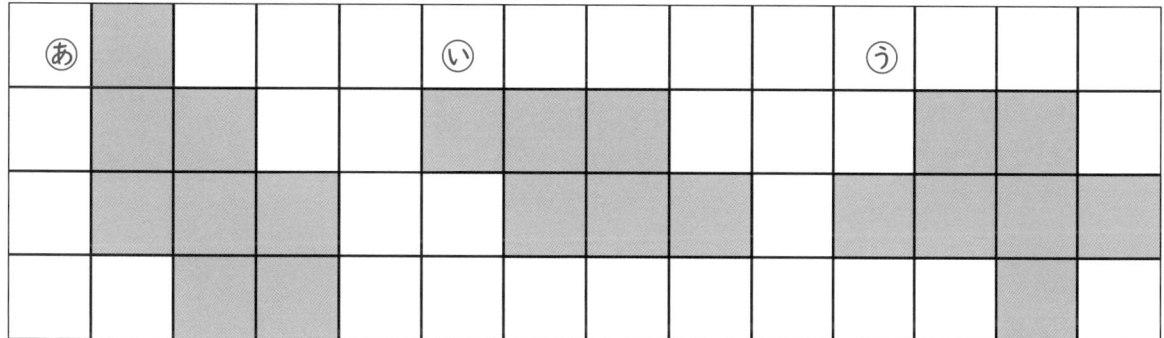

いちばん ひろい   いちばん せまい
{ } ➡ { } ➡ { }

ひろさ ⑤

ますの　かずを　かぞえて　くらべます。

ますの　かずが
おおい　ほうが
ひろいのじゃ。

・ は　10ますぶん　　・ は　8ますぶん

だから，　　の　ほうが　ひろい。

1 ますの　かずを　かぞえましょう。

①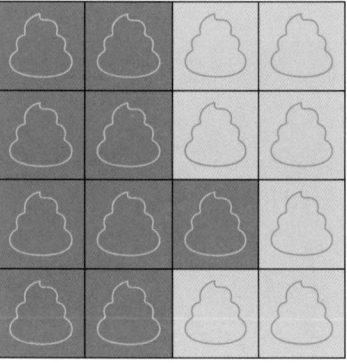

②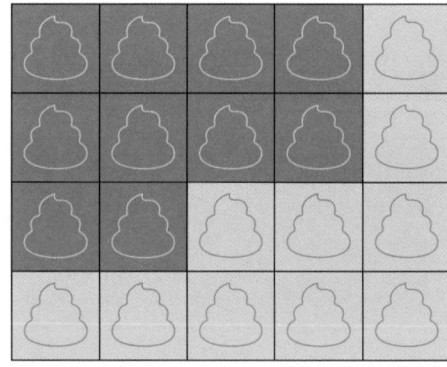

は {　　　}ますぶん

は {　　　}ますぶん

は {　　　}ますぶん

は {　　　}ますぶん

ひろさ ⑥

 ますの　かずを　かぞえて　ひろさを　くらべます。

{　　} 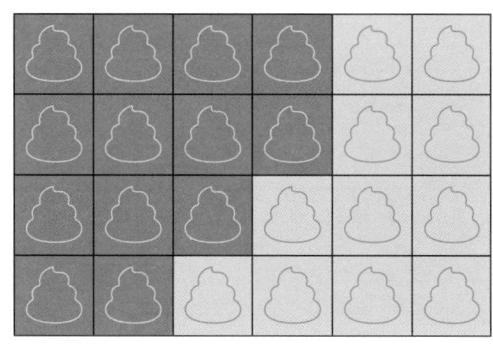 {　　}

① それぞれ　なんますぶんですか。

 は {　　}ますぶん　　　 は {　　}ますぶん

② どちらが　ひろいですか。うえの　{　}に　○を　かきましょう。

2 ⓐ，ⓘ，ⓤ，ⓔの　4つの　いろに　ぬりました。

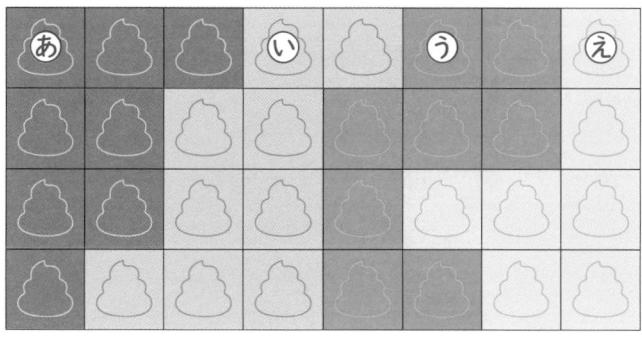

① ひろさが　おなじなのは
どれと　どれですか。

{　　　と　　　}

② いちばん　ひろい　ものと　いちばん　せまい　ものは　どれですか。

いちばん　ひろいのは {　　} 　　いちばん　せまいのは {　　}

ひろさ ⑦

どちらが　どれだけ　ひろいかを，ますの　かずで　あらわします。

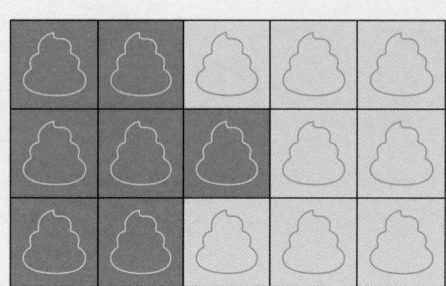

それぞれの　ますの
かずを　かぞえるのじゃ。

・　は　7ますぶん　　・　は　8ますぶん

だから，　　が　1ますぶん　ひろい。

1 どちらが　どれだけ　ひろいかを　かんがえます。
　　{ 　}に　あう　かずや　⑤，⑥，⑦，⑧を　かきましょう。

①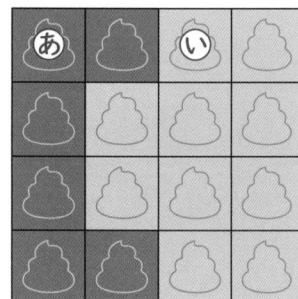

・⑤は　6ますぶん

・⑥は　{ 　　}ますぶん

・{ 　　}が{ 　　}ますぶん　ひろい。

②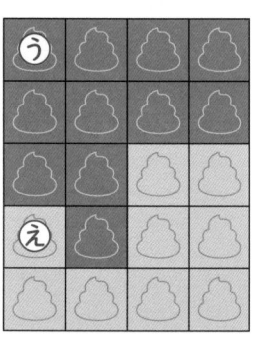

・⑦は　{ 　　}ますぶん

・⑧は　9ますぶん

・{ 　　}が{ 　　}ますぶん　ひろい。

ひろさ ⑧

 1 どちらが どれだけ ひろいですか。

①

{ } が { } ますぶん

ひろい。

②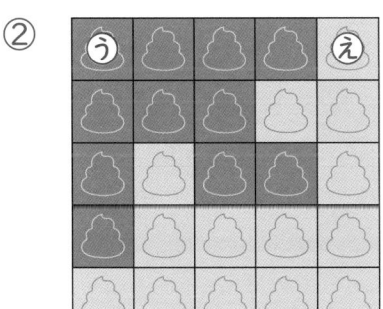

{ } が { } ますぶん

ひろい。

2 たかしくんと こういちくんは ばしょとりゲームを して います。ぬった ところが ひろい ほうが かちです。

 たかしくん 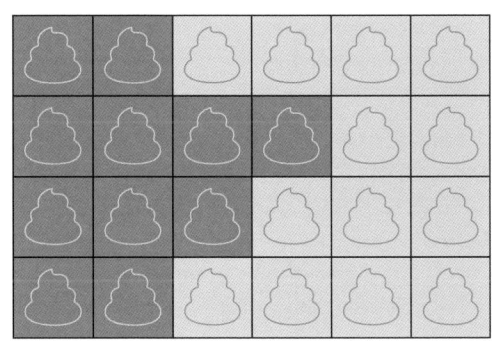 こういちくん

かったのは どちらで, なんますぶん ひろいですか。

かったのは { } くんで, { } ますぶん ひろい。

いろいろな　かたち①

できたね
シールを
はろう。

 おなじ　なかまの　かたちを　で　むすびましょう。

①

②

③

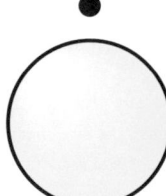　　　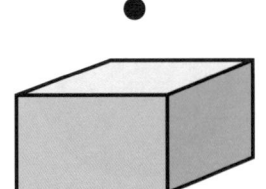　　　

2 　　　の　なかの　かたちと　おなじ　なかまの　かたちは
どれですか。〇で　かこみましょう。

① 　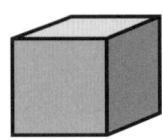　　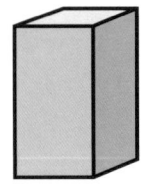　

② 　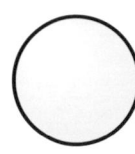　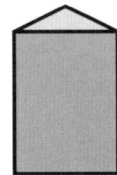　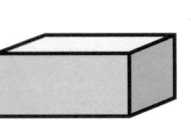　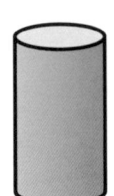

いろいろな　かたち②

 おなじ　なかまの　かたちを　 ●━━● で　むすびましょう。
せん

① 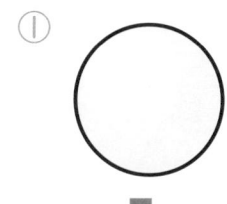　②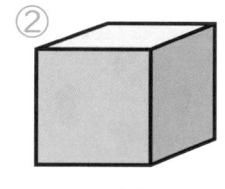　③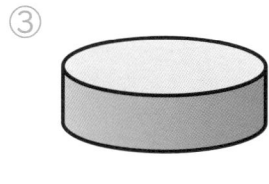

■　　　　　　　■　　　　　　　■

●　　　　　　　●　　　　　　　●

　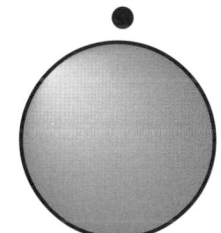　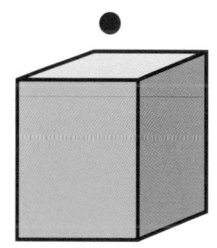

2 ころがる　かたちを　ぜんぶ　○で　かこみましょう。

3 つみかさねる　ことが　できる　かたちを　ぜんぶ
○で　かこみましょう。

いろいろな　かたち③

1 つみきの　そこの　かたちを　うつしました。うつした
かたちを　￭━━● で　むすびましょう。
せん

①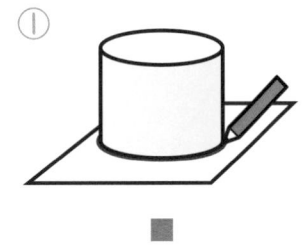

②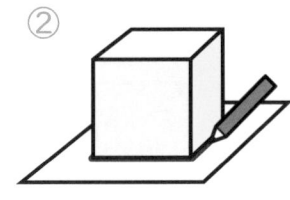

③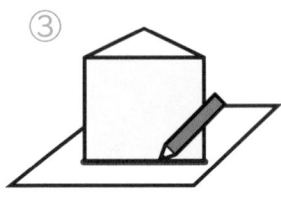

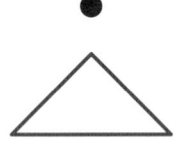

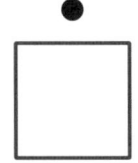

2 つみきの　そこの　かたちを　うつして, えを　かきました。
つかった　つみきを　ぜんぶ　〇で　かこみましょう。

①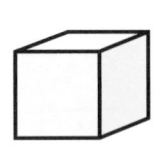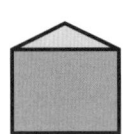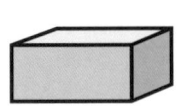

②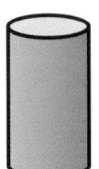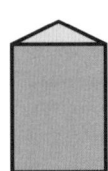

60
ずけい

いろいろな かたち④

べんきょうした ひ
がつ
にち

できたね
シールを
はろう。

1 [___] の なかの つみきを よこから みます。
みえる かたちを 〇で かこみましょう。

①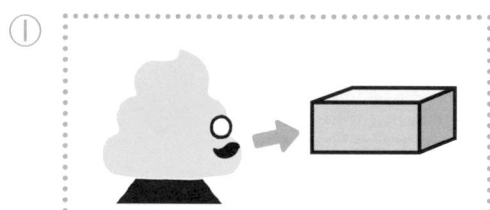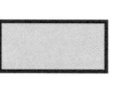

②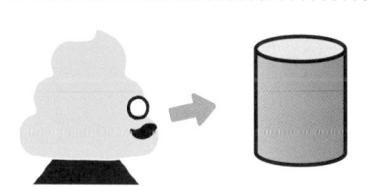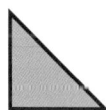

2 つみきの そこや よこや うえの かたちを うつして
かきます。かける かたちを ぜんぶ 〇で かこみましょう。

①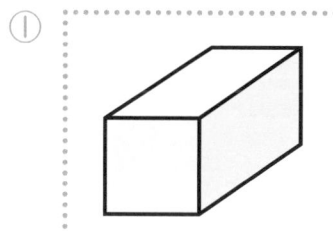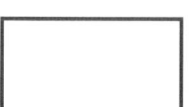

②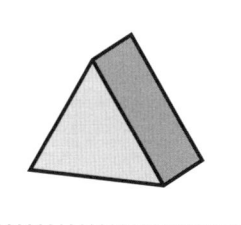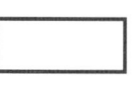

61
ずけい

かたちづくり ①

べんきょうした ひ

がつ

にち

できたね
シールを
はろう。

1 したの かたちは ▷ の いろいたを なんまい ならべて つくりましたか。{ } に かずを かきましょう。

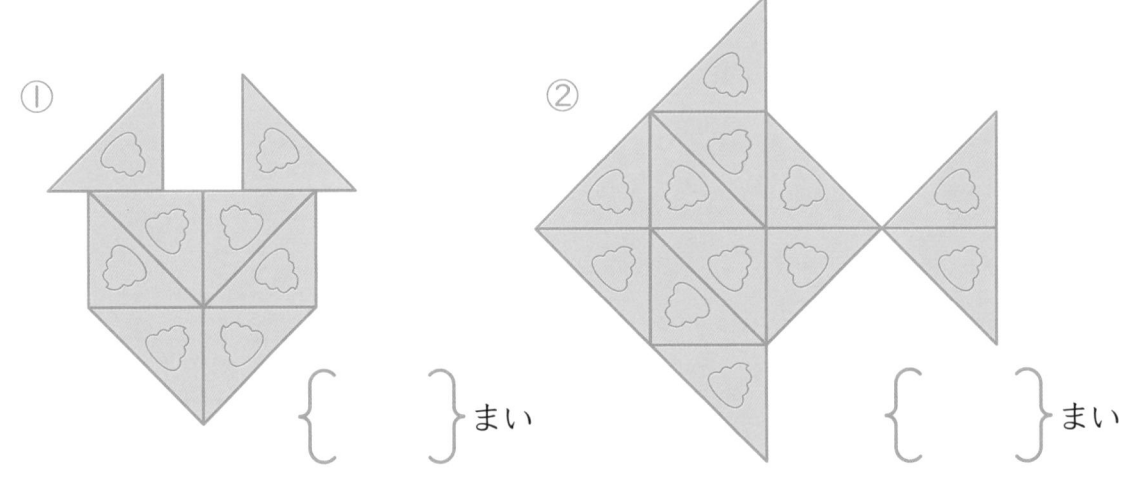

① { } まい

② { } まい

2 ⓐの いろいたを ならべて かたちを つくりました。 ならべかたが わかるように せんを かきましょう。

62

ずけい

かたちづくり ②

べんきょうした ひ

がつ

にち

できたね
シールを
はろう。

1 したの かたちは ぼうを なんぼん ならべて
つくりましたか。

①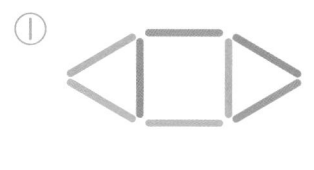

{ } ほん

②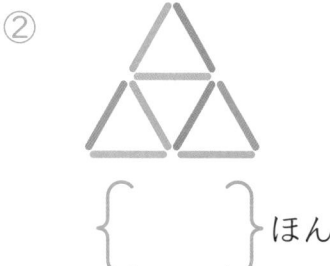

{ } ほん

③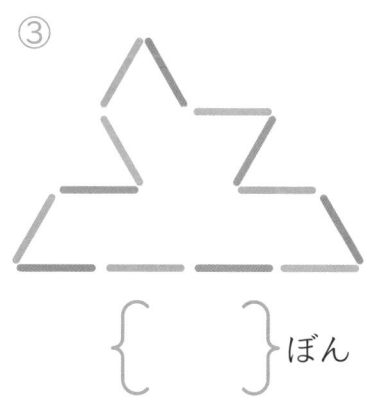

{ } ぼん

④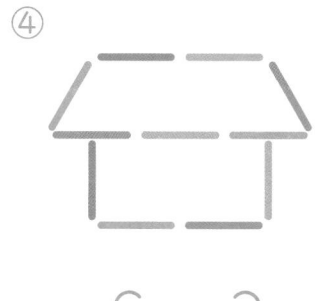

{ } ぽん

2 ぼうを なんぼん うごかすと できますか。

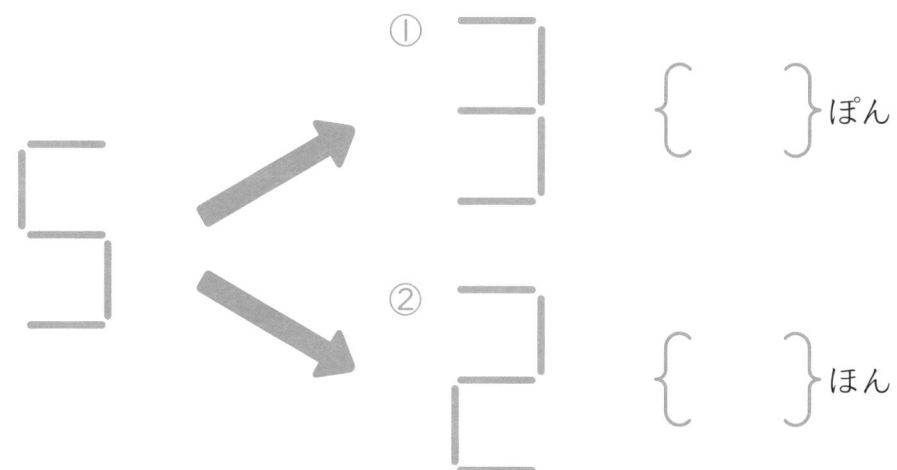

① { } ぽん

② { } ほん

かずしらべ ①

 うんこの　かずを　せいりして　しらべます。

み ず た ま	**し ま し ま**	**な み**	**チ ェ ッ ク**

① それぞれの　かずだけ　いろを　ぬりましょう。

② うんこの　かずは　それぞれ　なんこですか。

しましま　　　　　　なみ　　　　　　　チェック

{　　　}こ　　{　　　}こ　　{　　　}こ

③ いちばん　おおいのは　どの　うんこですか。{　　　　　　　　}

かずしらべ ②

できたね
シールを
はろう。

 うんこの かずを しらべました。{ } に あう かずや いろを かきましょう。

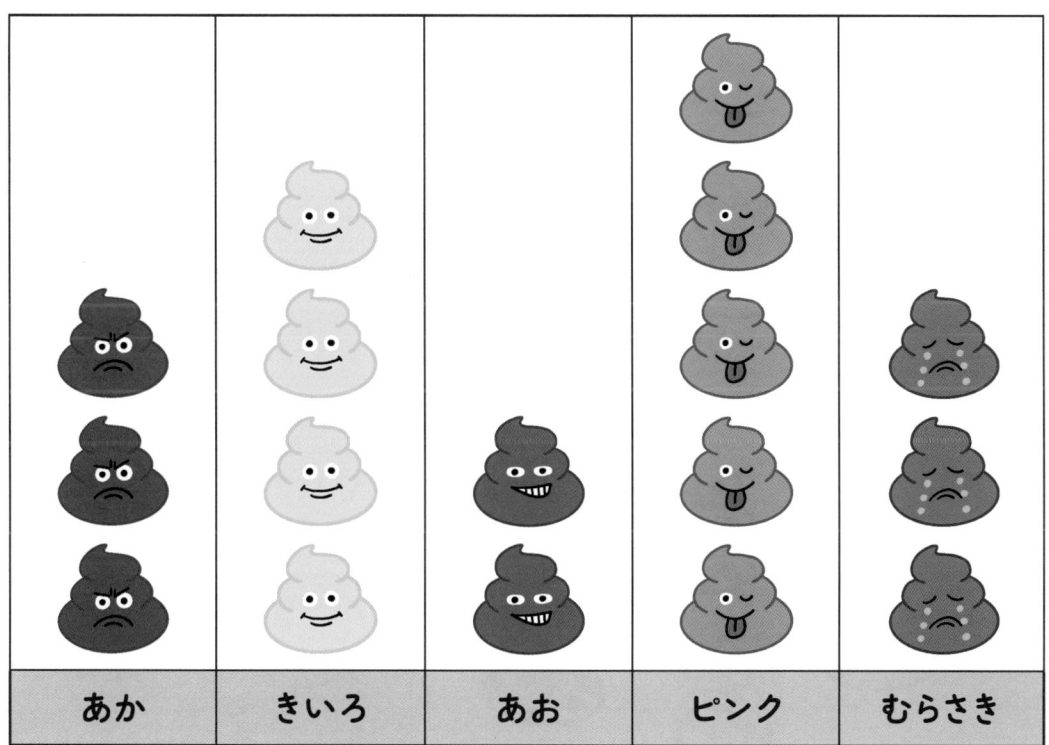

| あか | きいろ | あお | ピンク | むらさき |

① きいろの うんこは なんこですか。 { } こ

② いちばん おおい うんこは どの いろですか。 { }

③ いちばん すくない うんこは どの いろですか。 { }

④ かずが おなじ うんこは どの いろと どの いろですか。
{ } と { }

こたえ

できたね
シールを
はろう。

1ページ

10までの かず①
べんきょうした ひ
がつ
にち
できたね
シールを
はろう。

1 したの えを みて、{ }に かずを かきましょう。

① 🦗 は { 2 }　　② 🪲 は { 4 }

③ 🐛 は { 1 }　　④ 🐞 は { 5 }

⑤ 🦋 は { 3 }

2ページ

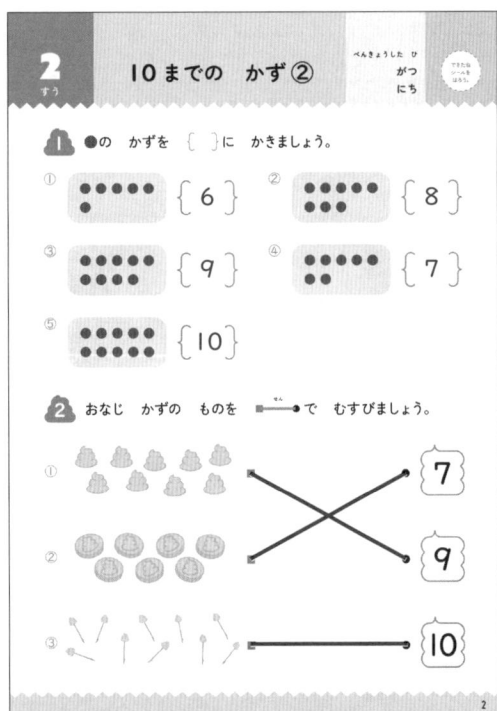

2 すう
10までの かず②
べんきょうした ひ
がつ
にち
できたね
シールを
はろう。

1 ●の かずを { }に かきましょう。

① { 6 }　　② { 8 }

③ { 9 }　　④ { 7 }

⑤ { 10 }

2 おなじ かずの ものを ━━ で むすびましょう。

① 7
② 9
③ 10

3ページ

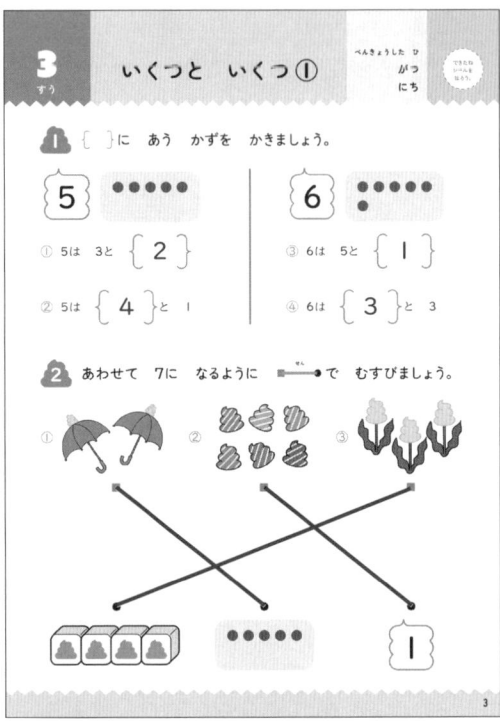

3 すう
いくつと いくつ①
べんきょうした ひ
がつ
にち
できたね
シールを
はろう。

1 { }に あう かずを かきましょう。

5 ●●●●●　　　6 ●●●●●
　　　　　　　　　　　　●

① 5は 3と { 2 }　　③ 6は 5と { 1 }

② 5は { 4 }と 1　　④ 6は { 3 }と 3

2 あわせて 7に なるように ━━ で むすびましょう。

①　　②　　③

4ページ

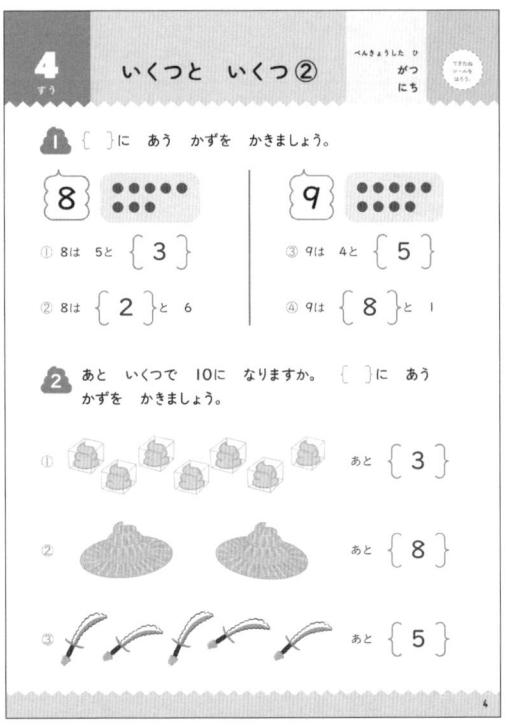

4 すう
いくつと いくつ②
べんきょうした ひ
がつ
にち
できたね
シールを
はろう。

1 { }に あう かずを かきましょう。

8 ●●●●●　　　9 ●●●●●
　　●●●　　　　　　●●●●

① 8は 5と { 3 }　　③ 9は 4と { 5 }

② 8は { 2 }と 6　　④ 9は { 8 }と 1

2 あと いくつで 10に なりますか。{ }に あう
かずを かきましょう。

①　　　　あと { 3 }

②　　　　あと { 8 }

③　　　　あと { 5 }

65

こたえ

5ページ

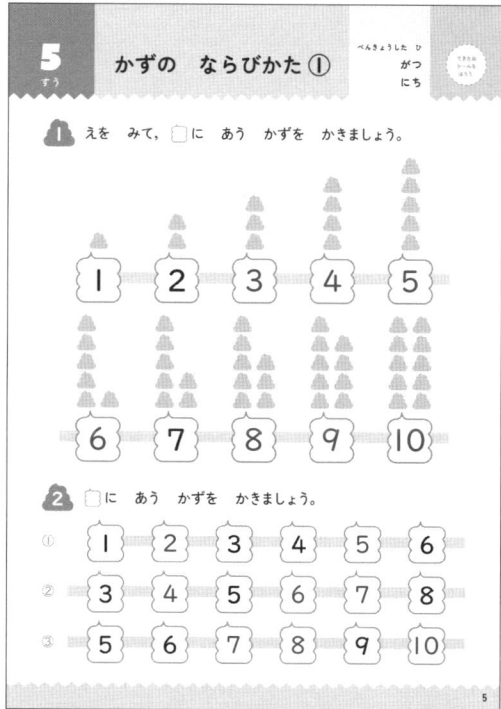

6ページ

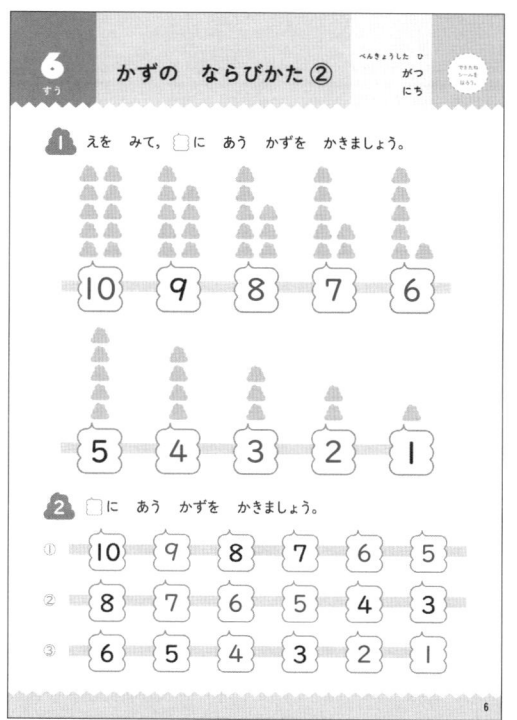

7ページ

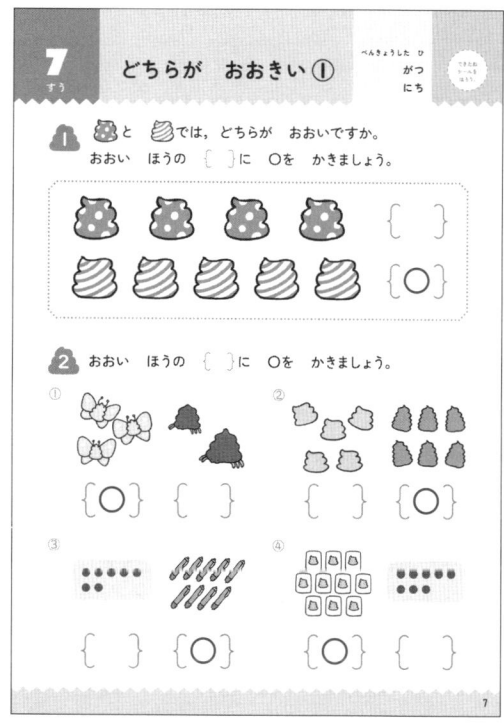

8ページ

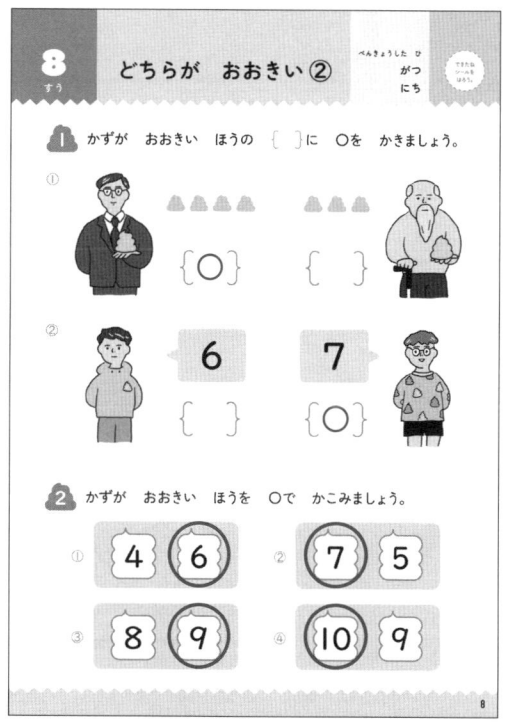

こたえ

9ページ

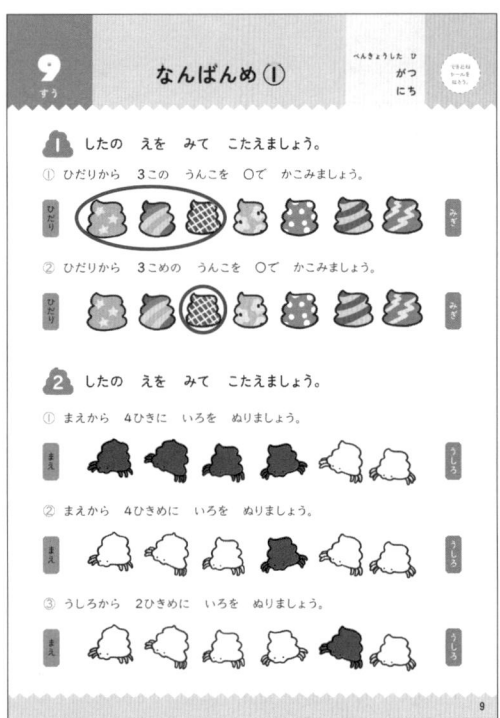

10ページ

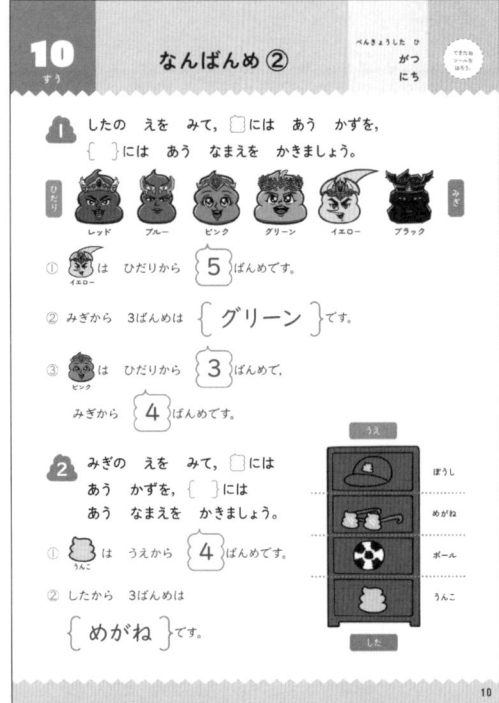

11ページ

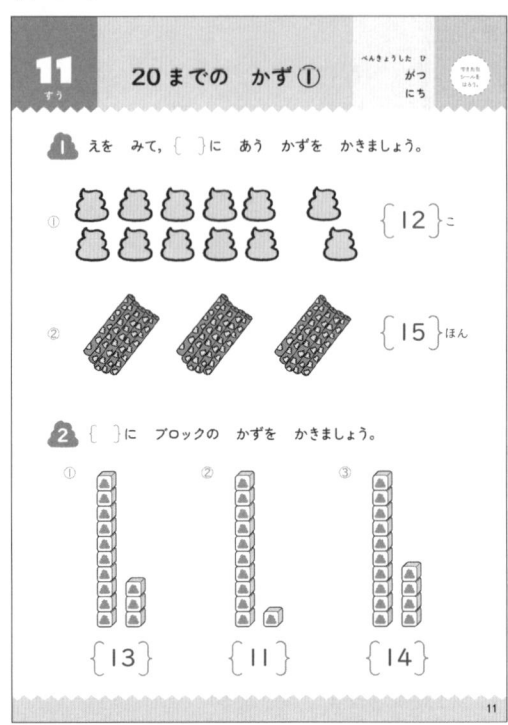

12ページ

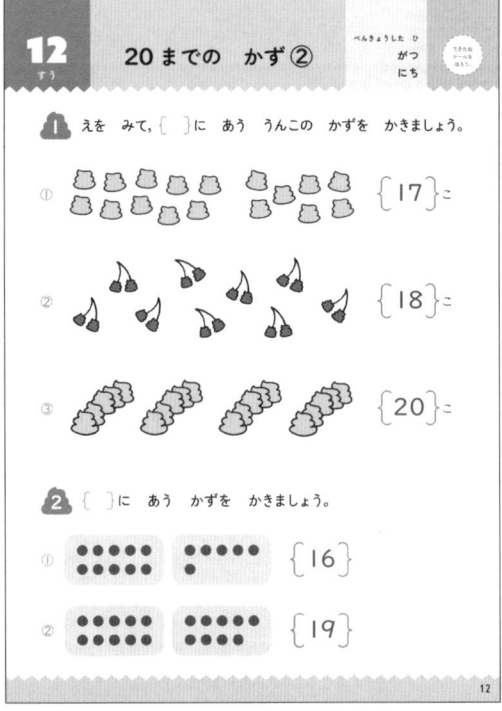

こたえ

13ページ

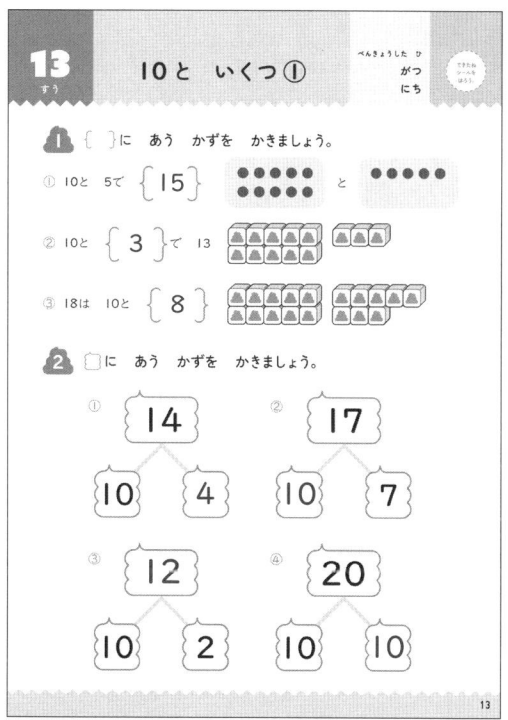

14ページ

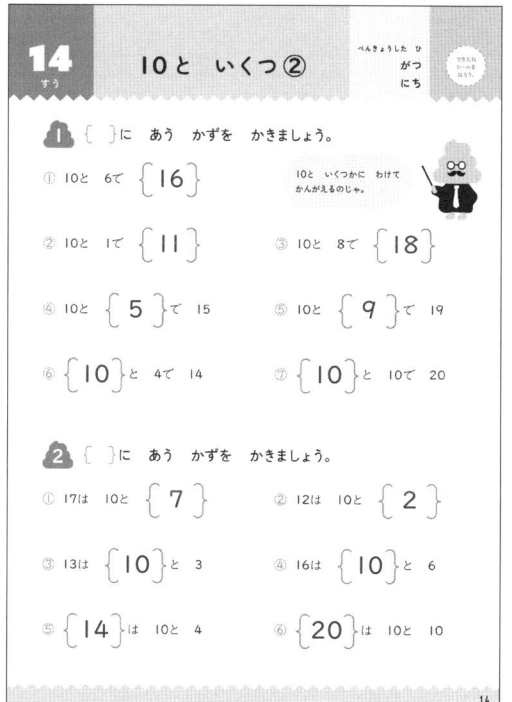

15ページ

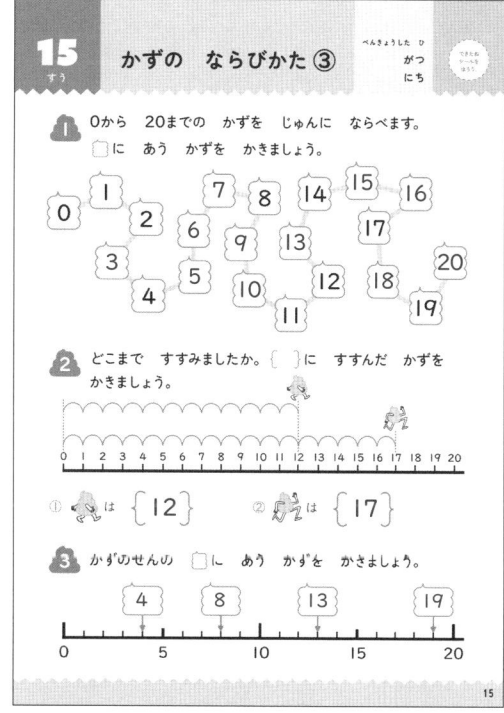

16ページ

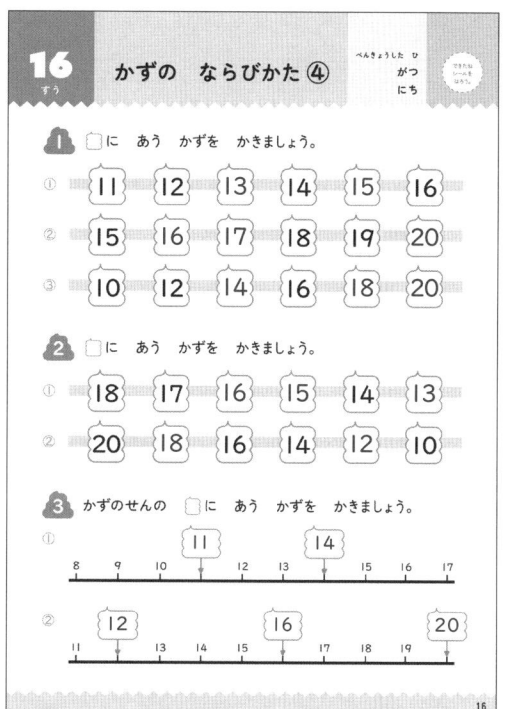

こたえ

17ページ

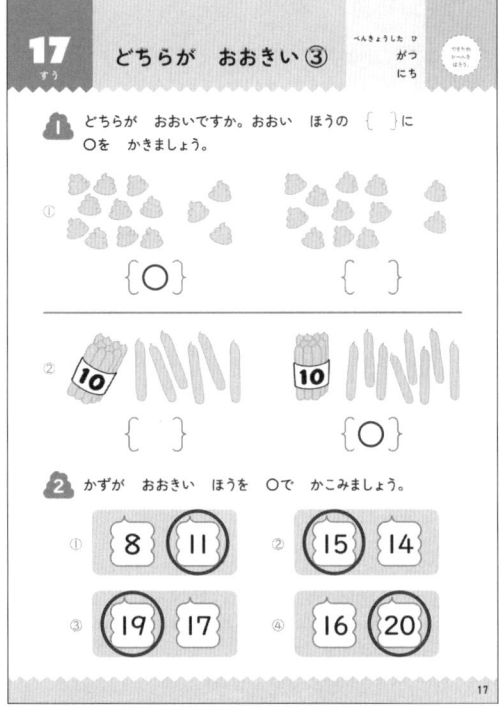

18ページ

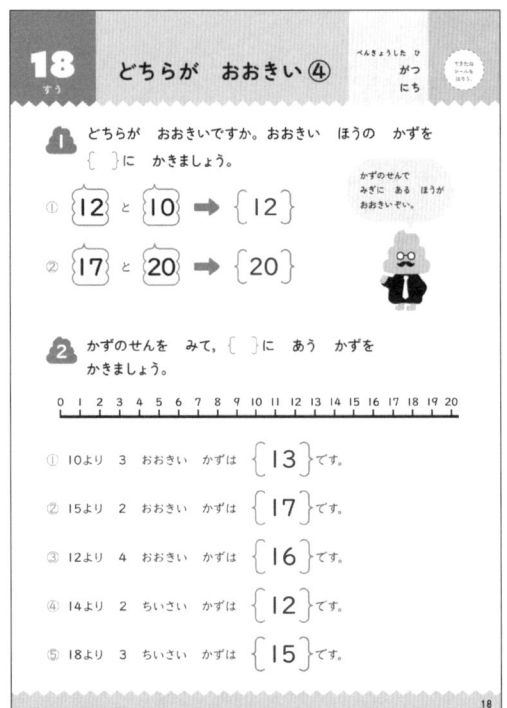

19ページ

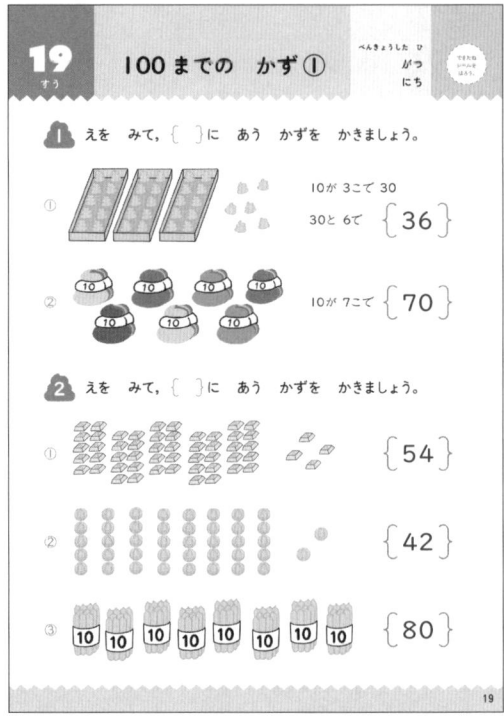

20ページ

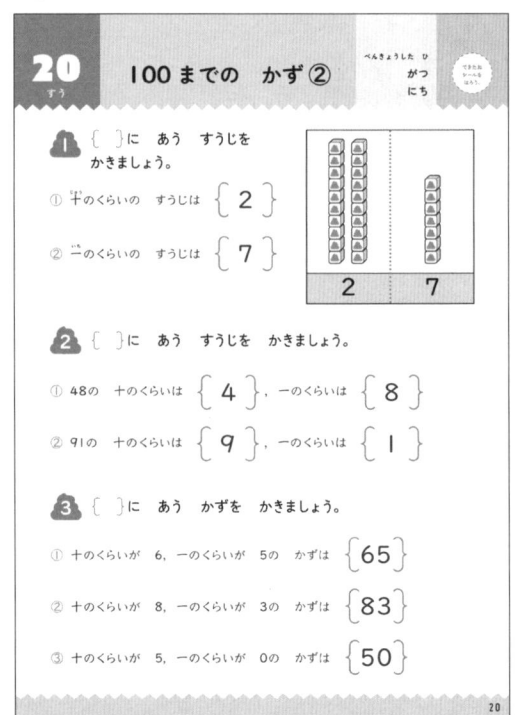

こたえ

21ページ

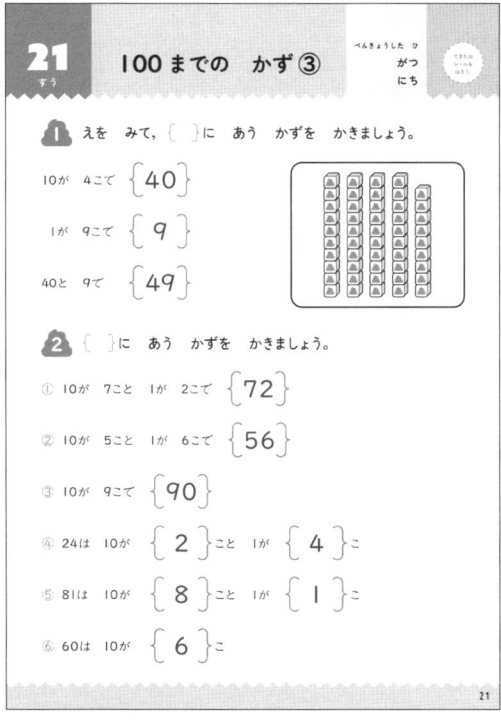

23ページ

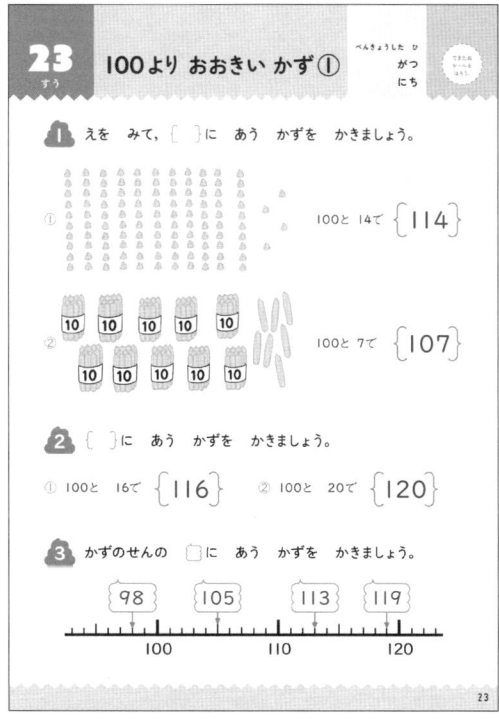

22ページ

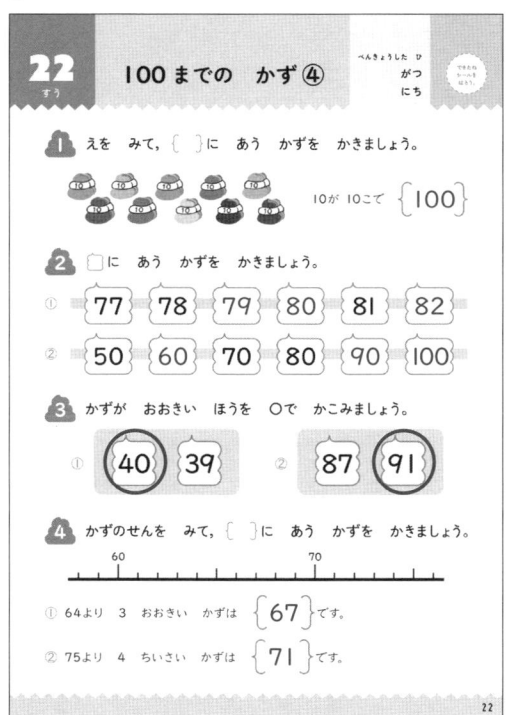

24ページ

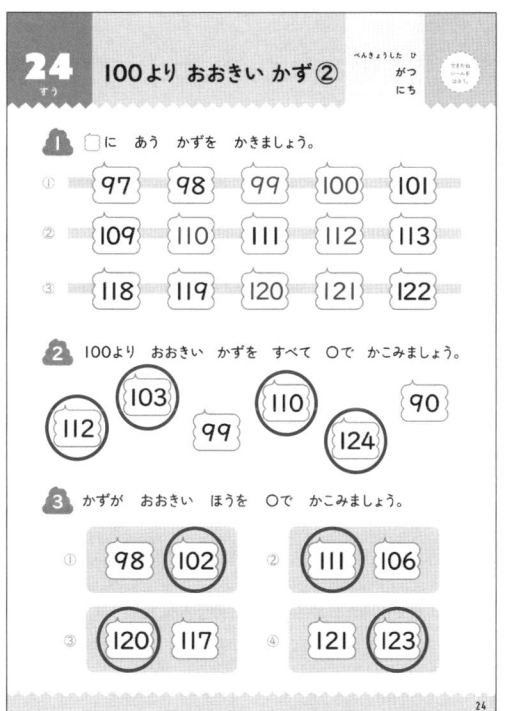

こたえ

25ページ

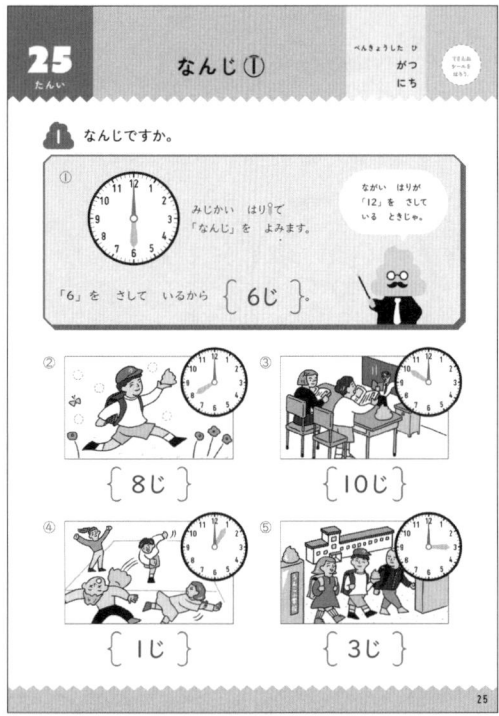

26ページ

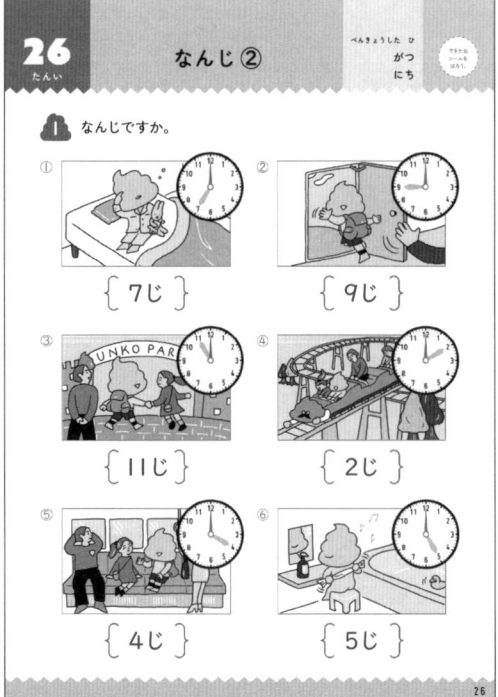

27ページ

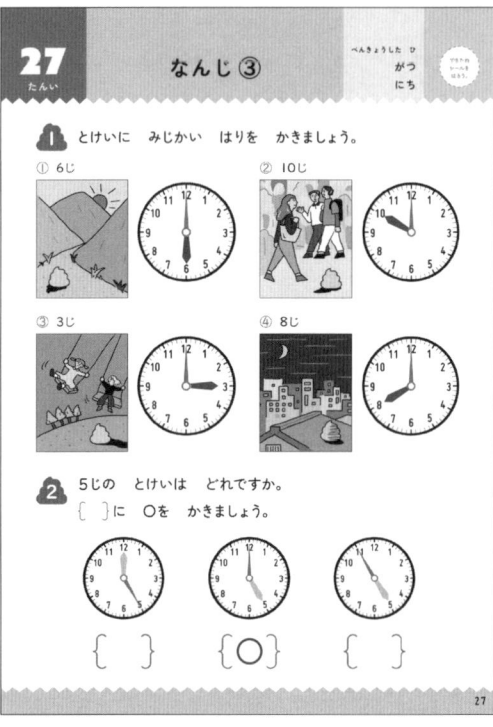

28ページ

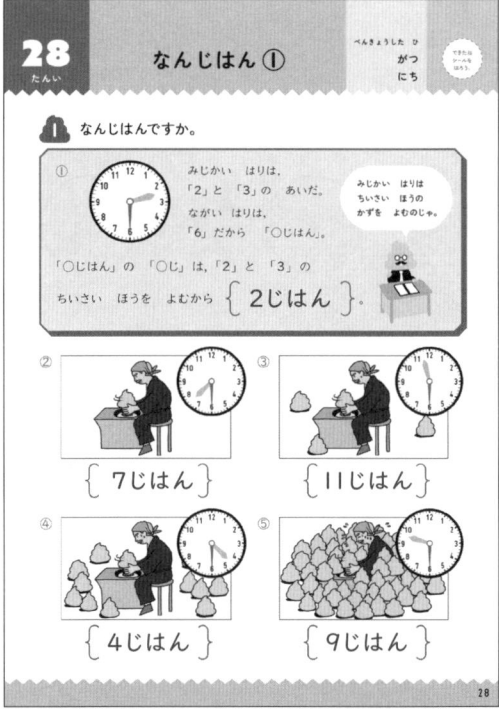

こたえ

29ページ

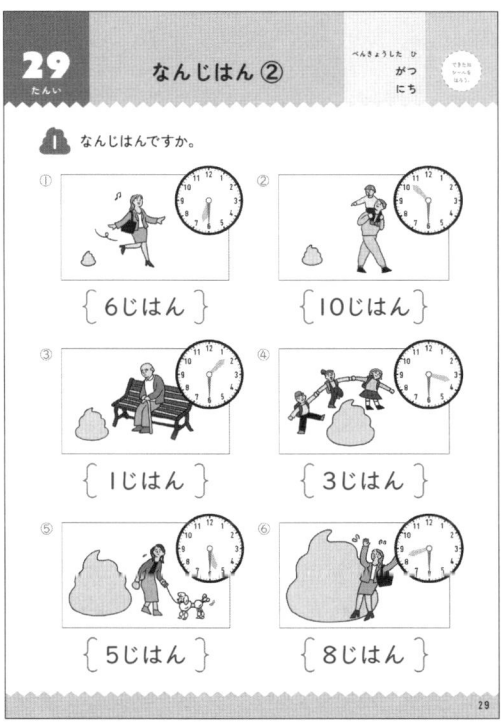

29 たんい　**なんじはん②**

べんきょうした ひ　がつ　にち
できたね シールを はろう。

① なんじはんですか。

① { 6じはん }
② { 10じはん }
③ { 1じはん }
④ { 3じはん }
⑤ { 5じはん }
⑥ { 8じはん }

31ページ

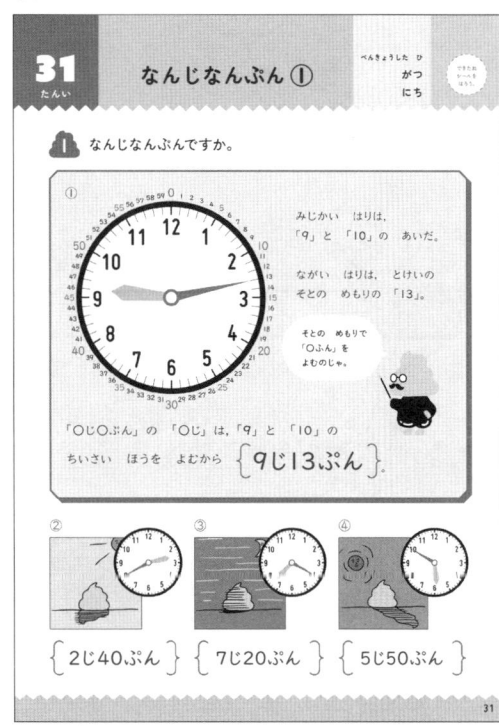

31 たんい　**なんじなんぷん①**

べんきょうした ひ　がつ　にち
できたね シールを はろう。

① なんじなんぷんですか。

①
みじかい はりは、「9」と「10」の あいだ。
ながい はりは、とけいの そとの めもりの「13」。
そとの めもりで「○ふん」を よむのじゃ。

「○じ○ぷん」の「○じ」は、「9」と「10」の ちいさい ほうを よむから { 9じ13ぷん }

② { 2じ40ぷん }
③ { 7じ20ぷん }
④ { 5じ50ぷん }

30ページ

30 たんい　**なんじはん③**

べんきょうした ひ　がつ　にち
できたね シールを はろう。

① とけいに ながい はりを かきましょう。

① 9じはん
② 4じはん

② とけいに みじかい はりと ながい はりを かきましょう。

① 1じはん
② 6じはん

③ 11じはんの とけいは どれですか。
{ }に ○を かきましょう。

{ } { } { ○ }

32ページ

32 たんい　**なんじなんぷん②**

べんきょうした ひ　がつ　にち
できたね シールを はろう。

① なんじなんぷんですか。

① { 8じ15ふん }
② { 11じ5ふん }
③ { 1じ35ふん }
④ { 6じ55ふん }

② 3じ45ふんの とけいは どれですか。
{ }に ○を かきましょう。

{ ○ } { } { }

72

こたえ

33ページ

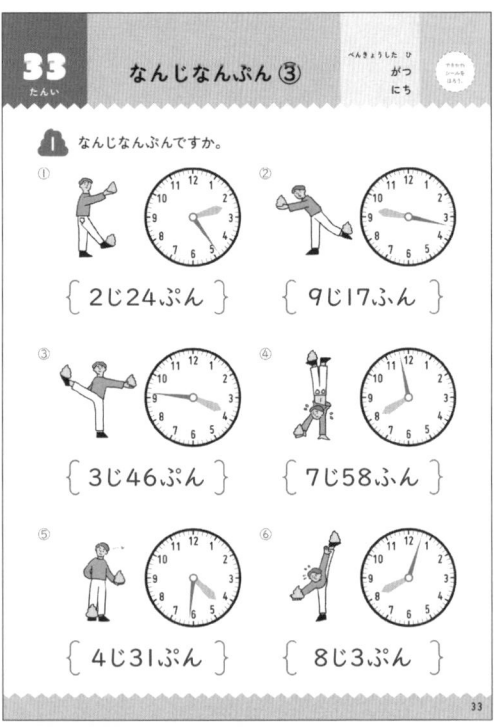

35ページ

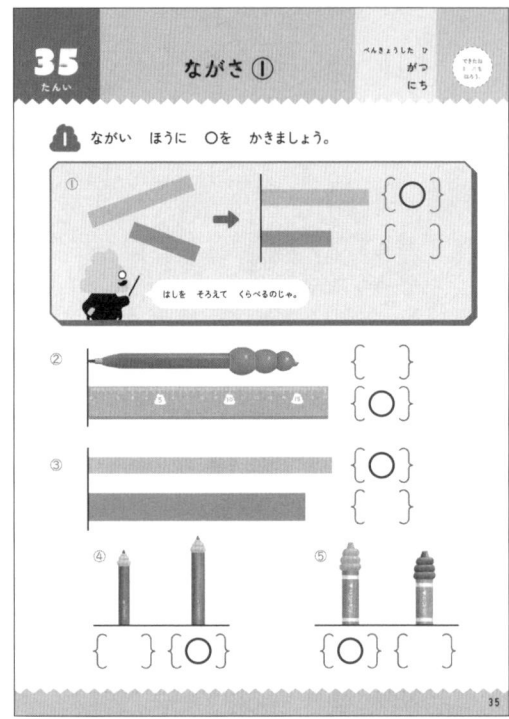

34ページ

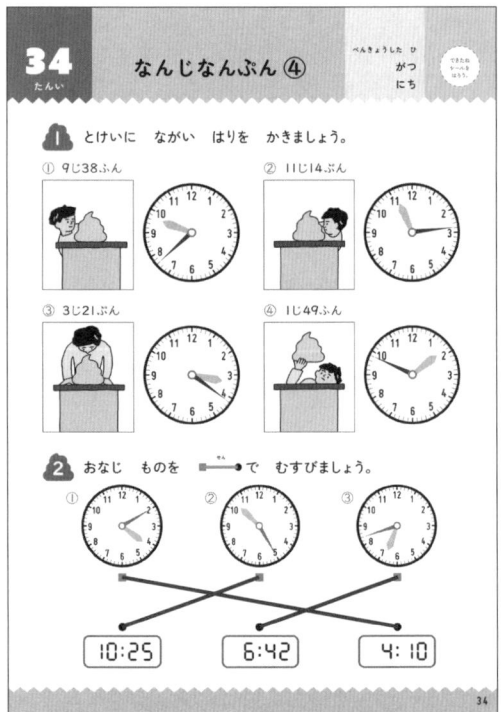

36ページ

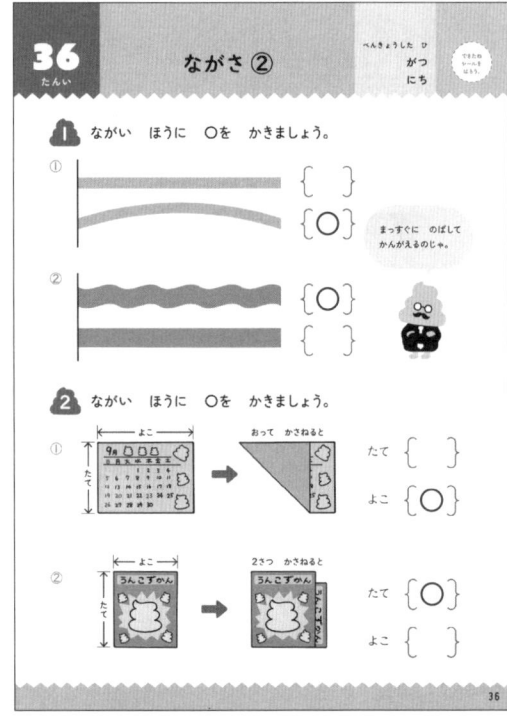

こたえ

37ページ

37たんい　ながさ③

❶ ながい ほうに ○を かきましょう。

① たて { }　よこ {○}

ながさを テープに うつしとるのじゃ。

② たて {○}　よこ { }

③ たて { }　よこ {○}

38ページ

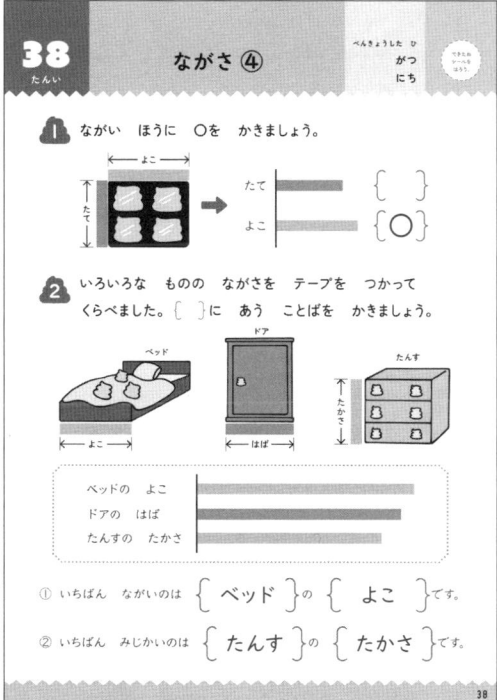

38たんい　ながさ④

❶ ながい ほうに ○を かきましょう。

たて { }　よこ {○}

❷ いろいろな ものの ながさを テープを つかって くらべました。[ ]に あう ことばを かきましょう。

① いちばん ながいのは {ベッド}の {よこ}です。

② いちばん みじかいのは {たんす}の {たかさ}です。

39ページ

39たんい　ながさ⑤

❶ したの えを みて こたえましょう。

えんぴつの なんばんぶんで くらべる ことが できるぞい。

① たては えんぴつ {3}ほんぶん
② よこは えんぴつ {5}ほんぶん
③ たてと よこでは {よこ}の ほうが ながい。

❷ ながい ほうに ○を かきましょう。

① たて {○}　よこ { }

② たて { }　よこ {○}

40ページ

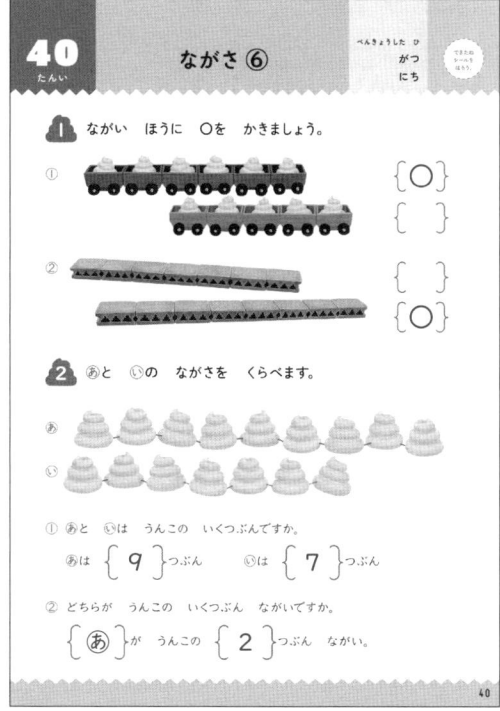

40たんい　ながさ⑥

❶ ながい ほうに ○を かきましょう。

① {○} { }

② { } {○}

❷ ⓐと ⓑの ながさを くらべます。

① ⓐと ⓑは うんこの いくつぶんですか。

ⓐは {9}つぶん　ⓑは {7}つぶん

② どちらが うんこの いくつぶん ながいですか。

{ⓐ}が うんこの {2}つぶん ながい。

こたえ

41ページ

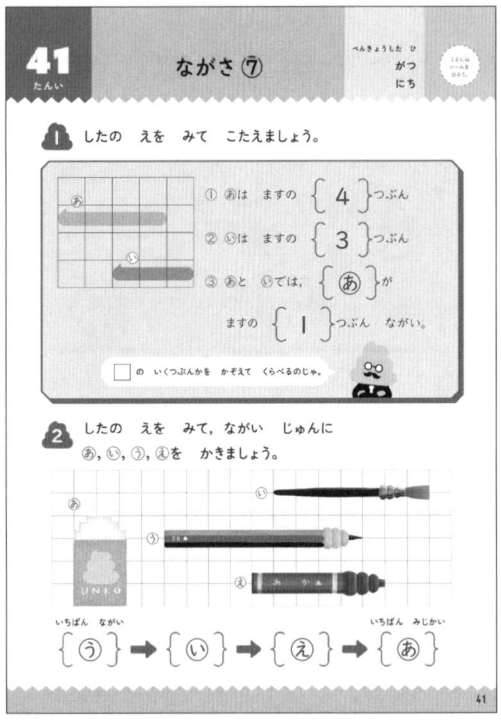

42ページ

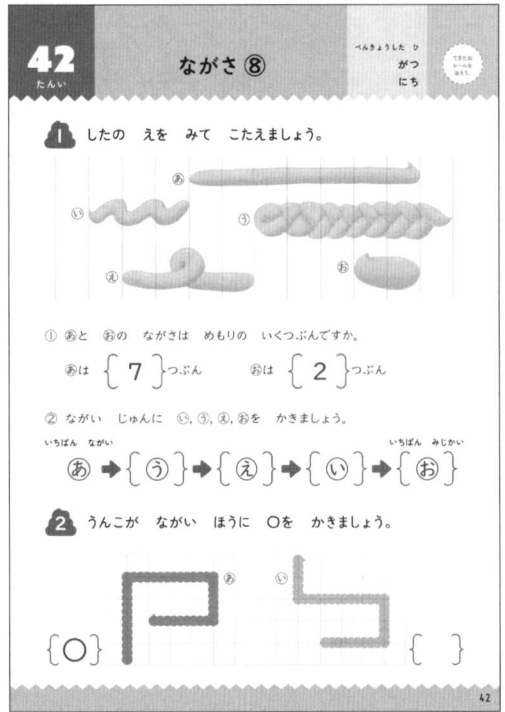

43ページ

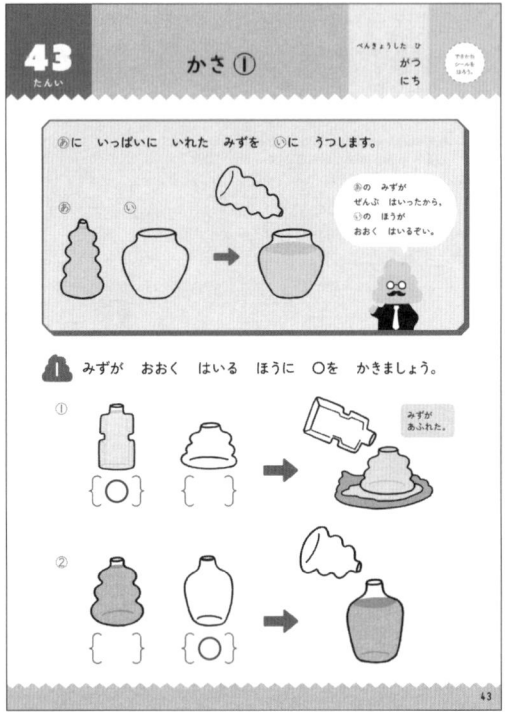

44ページ

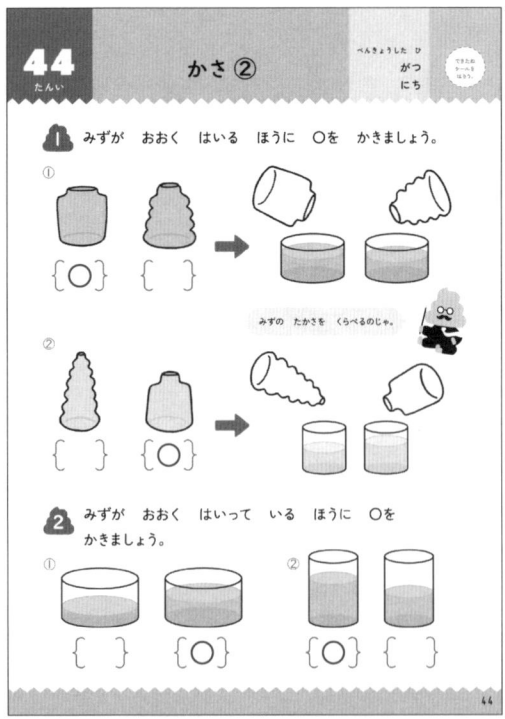

こたえ

45ページ

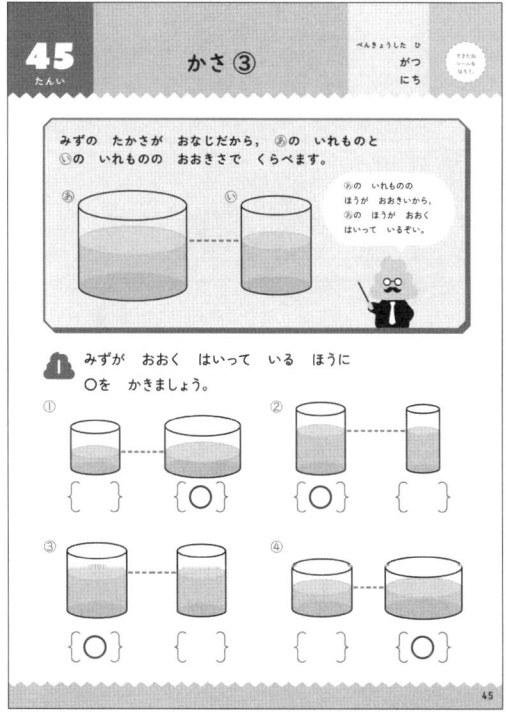

46ページ

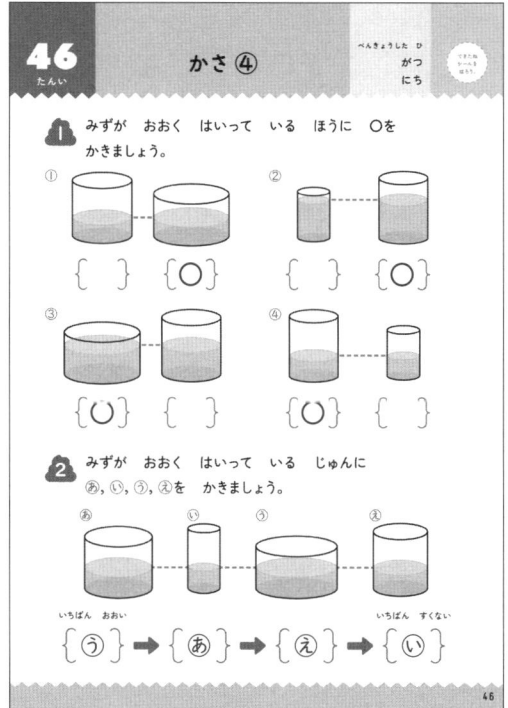

47ページ

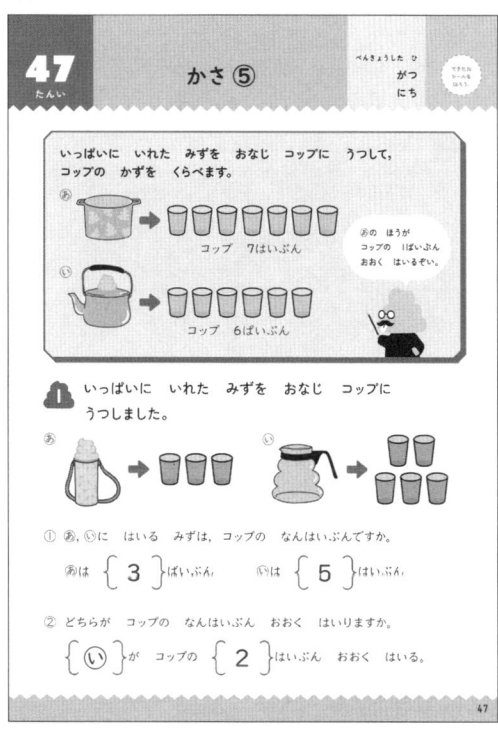

48ページ

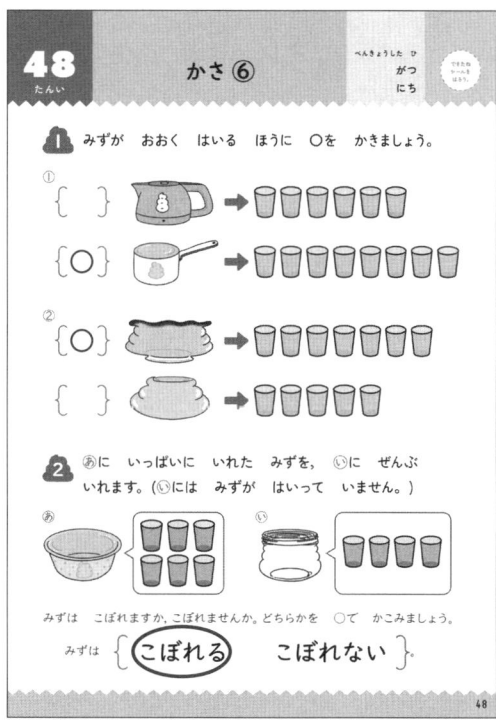

こたえ

49ページ

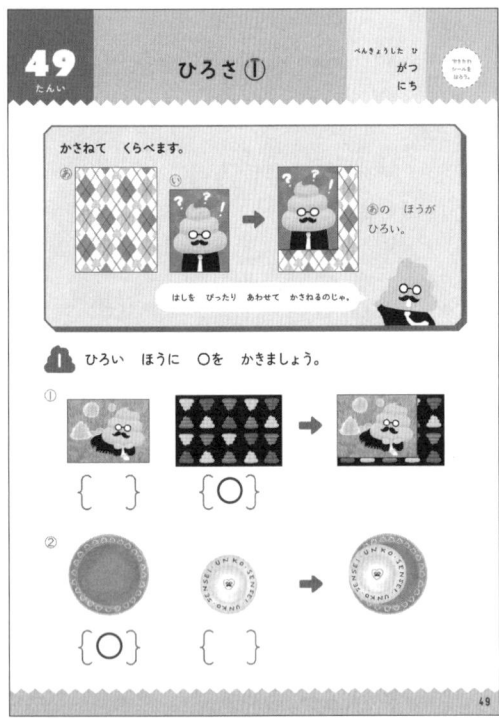

50ページ

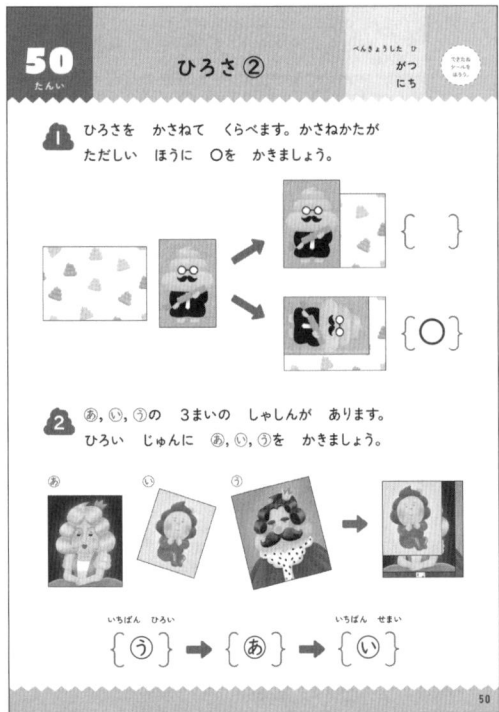

51ページ

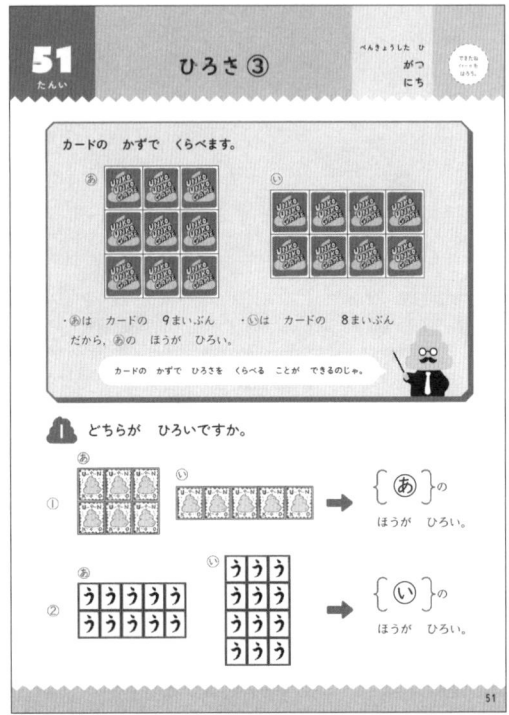

52ページ

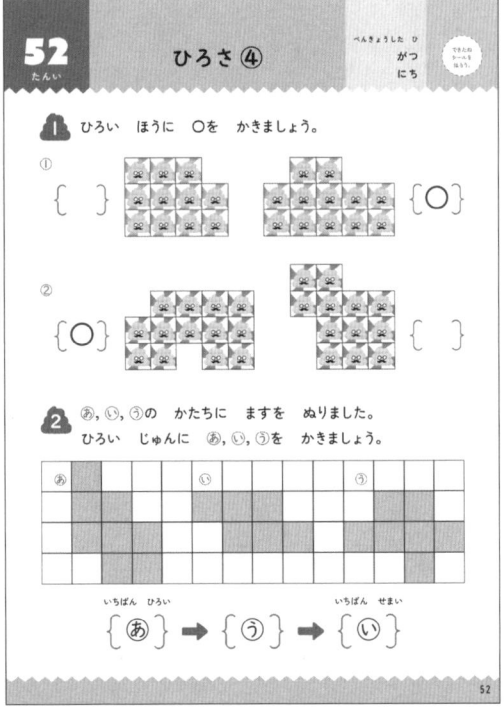

こたえ

53ページ

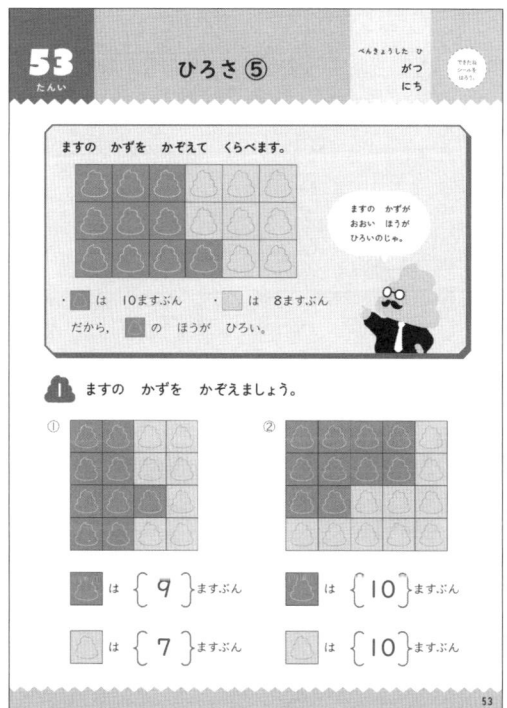

54ページ

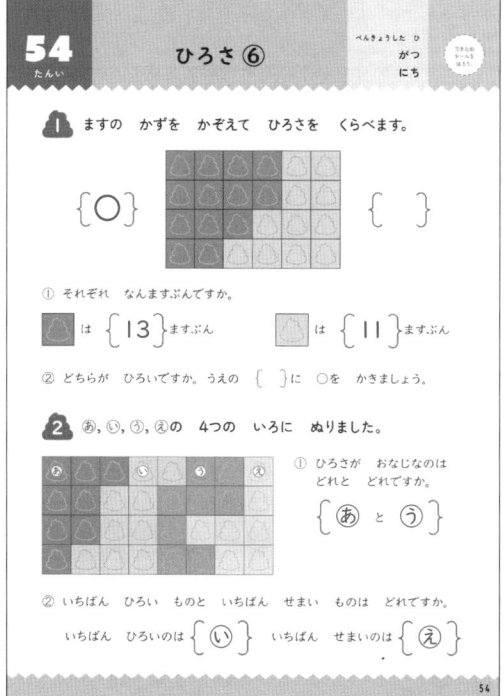

55ページ

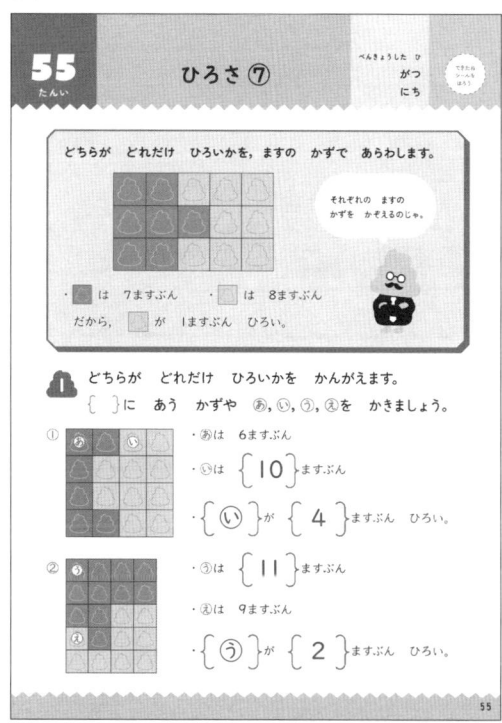

56ページ

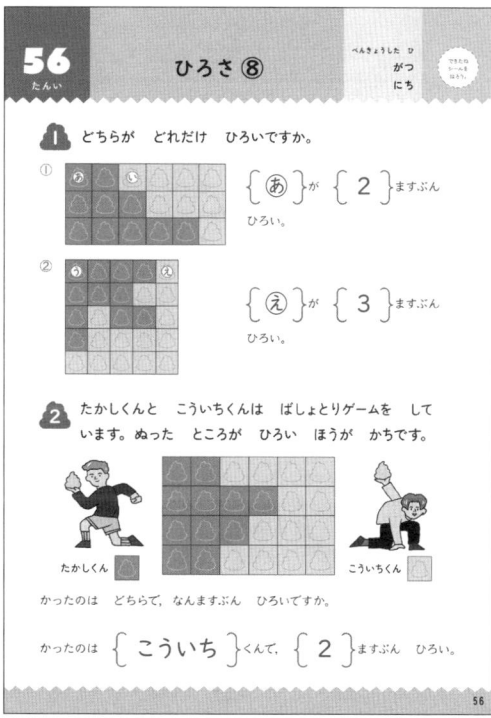

こたえ

57ページ

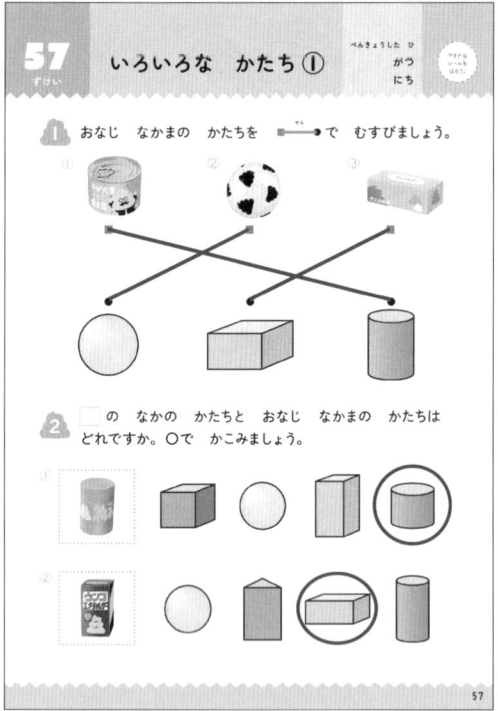

58ページ

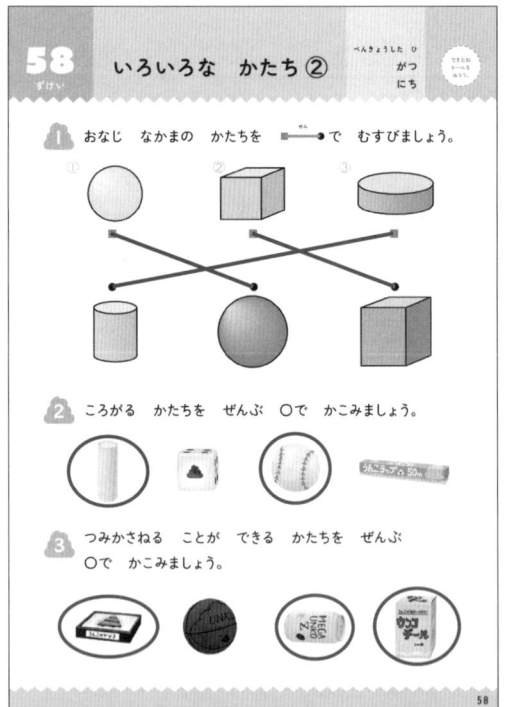

59ページ

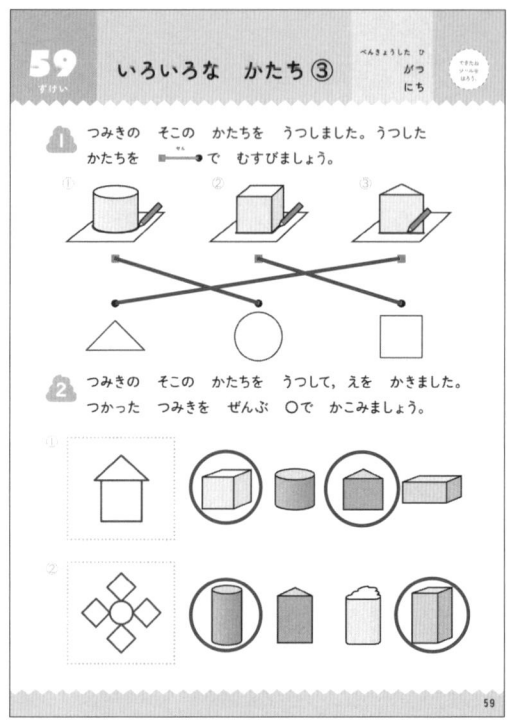

60ページ

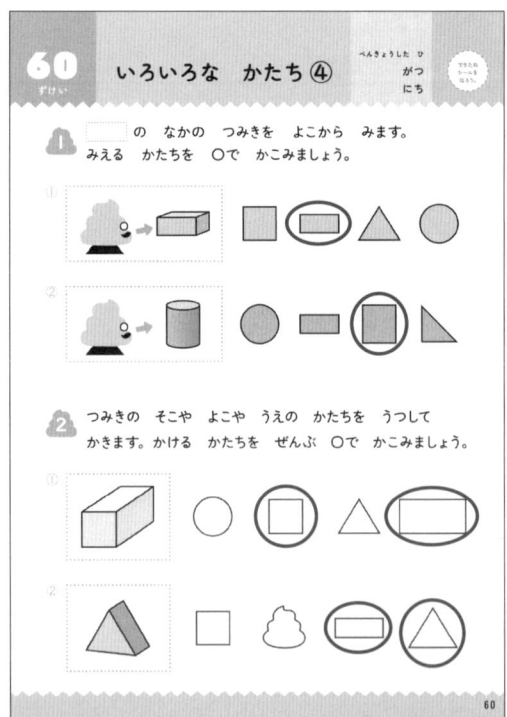

こたえ

61ページ

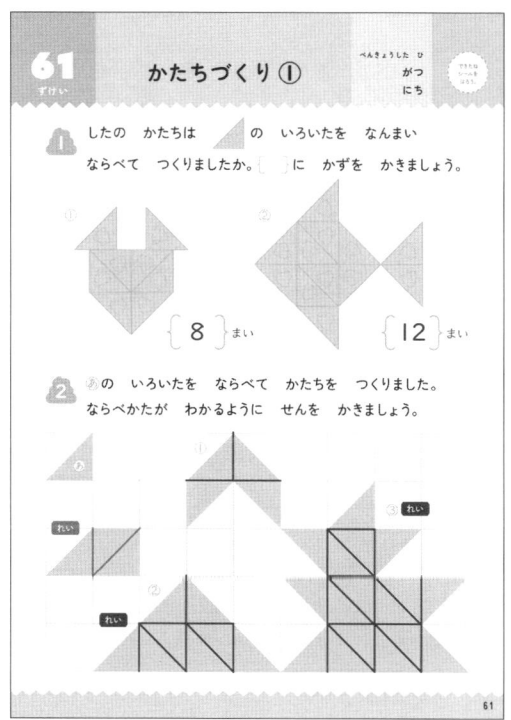

62ページ

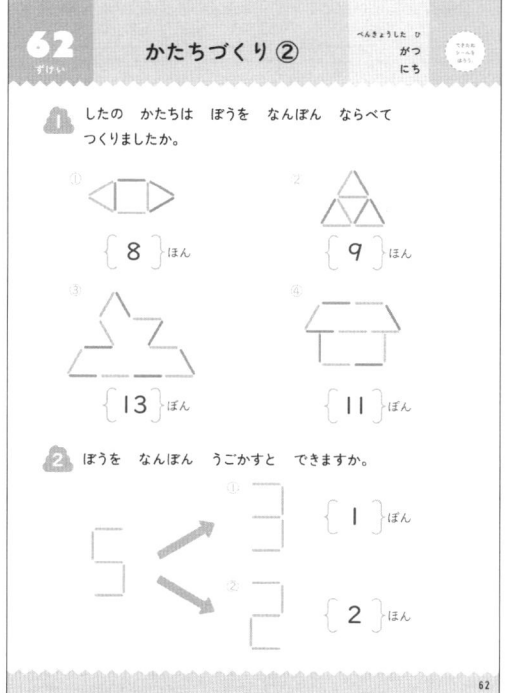

63ページ

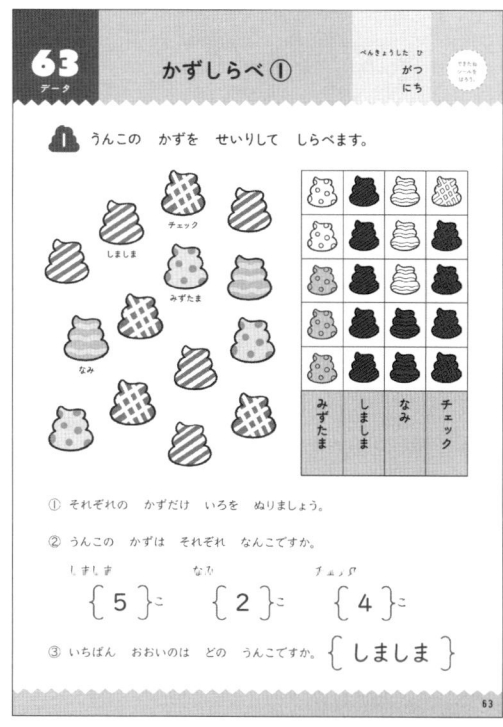

64ページ

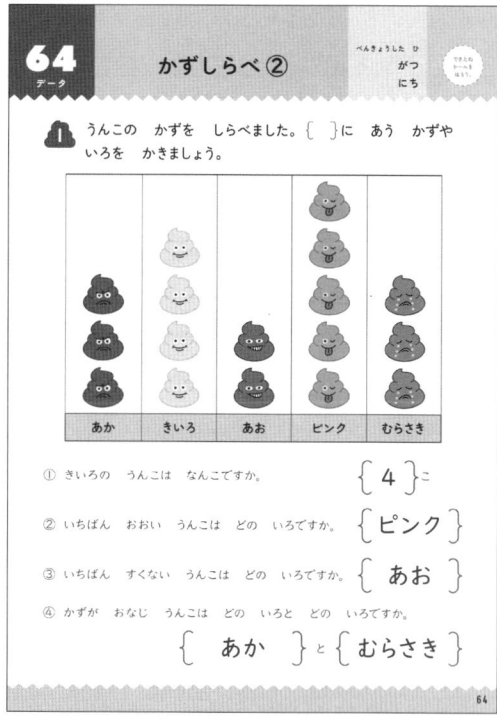

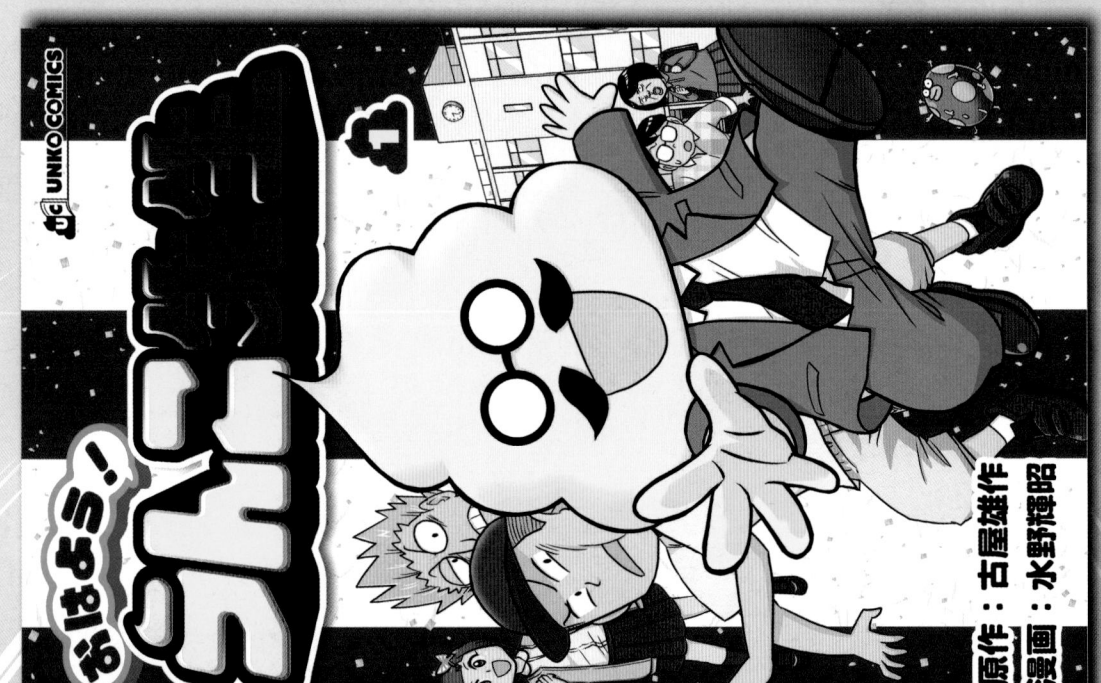
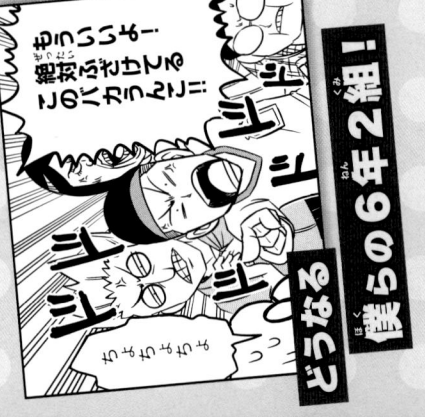

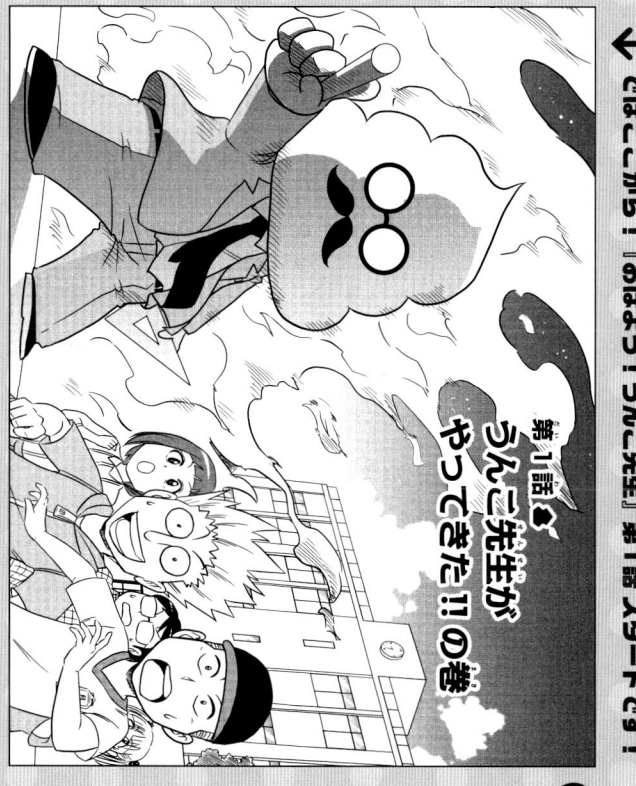
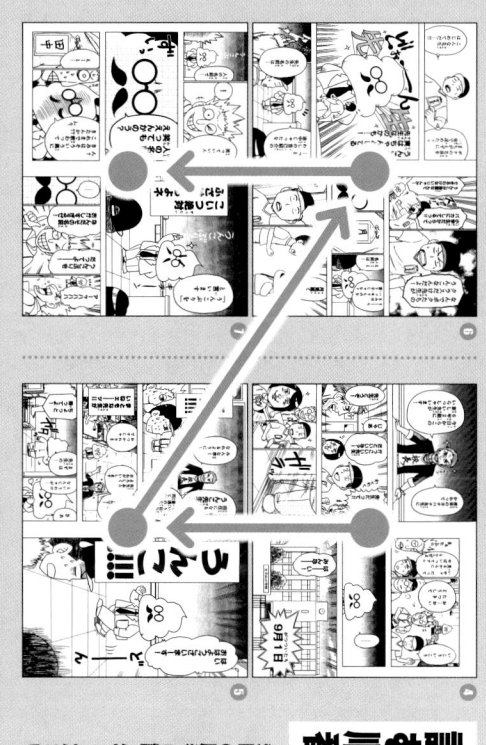

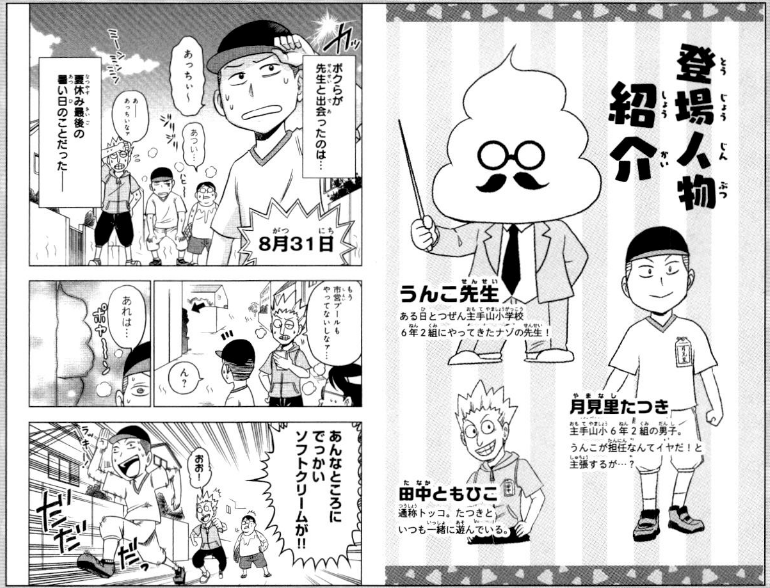

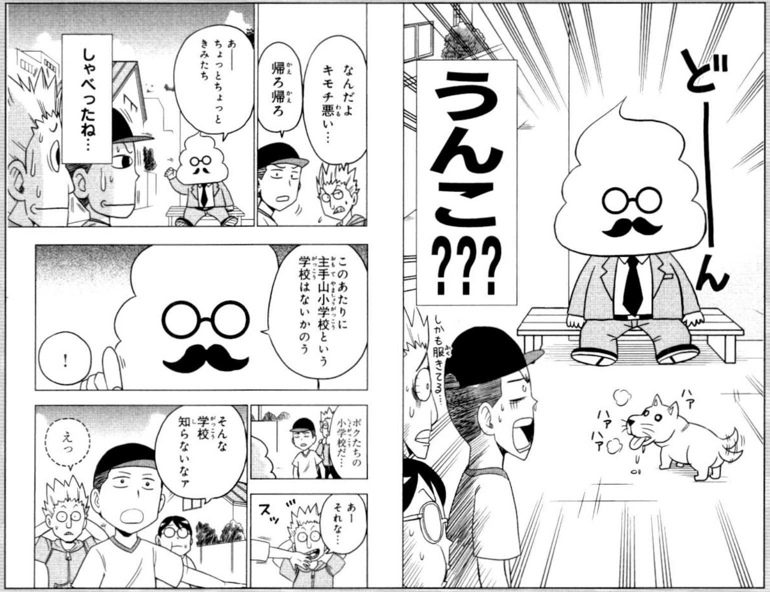

④

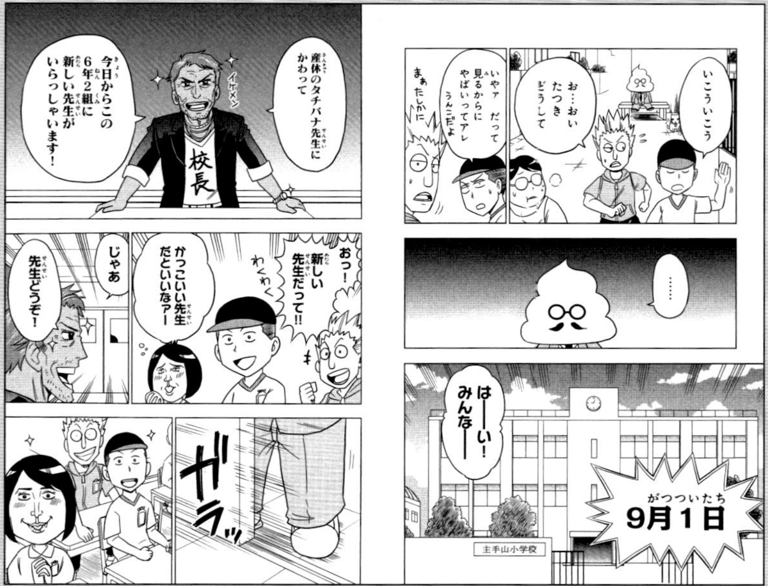

9月1日

主手山小学校

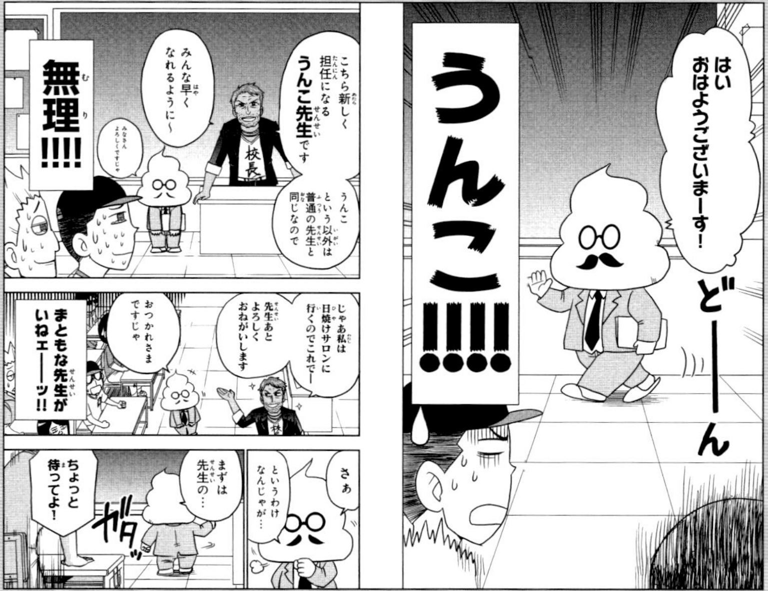

校長

⑤

ふっ!!!

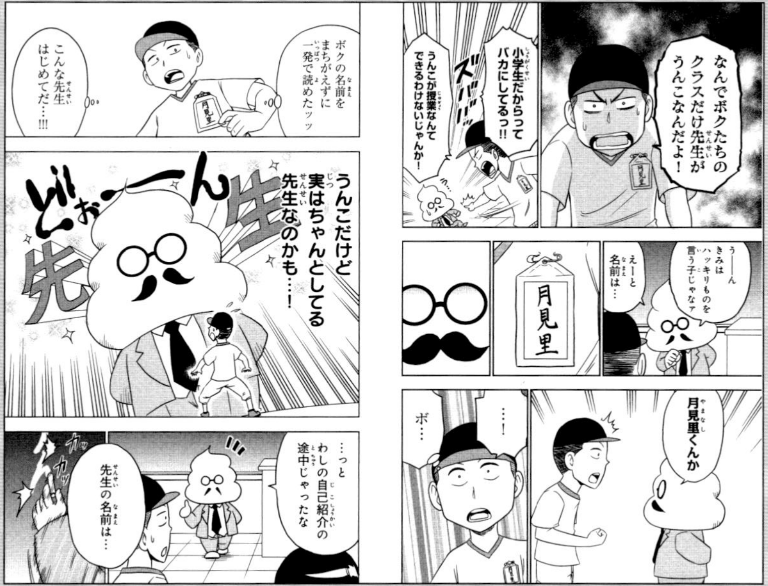

無理!!!

校長

⑥

米…

⑦

「よろしくね」

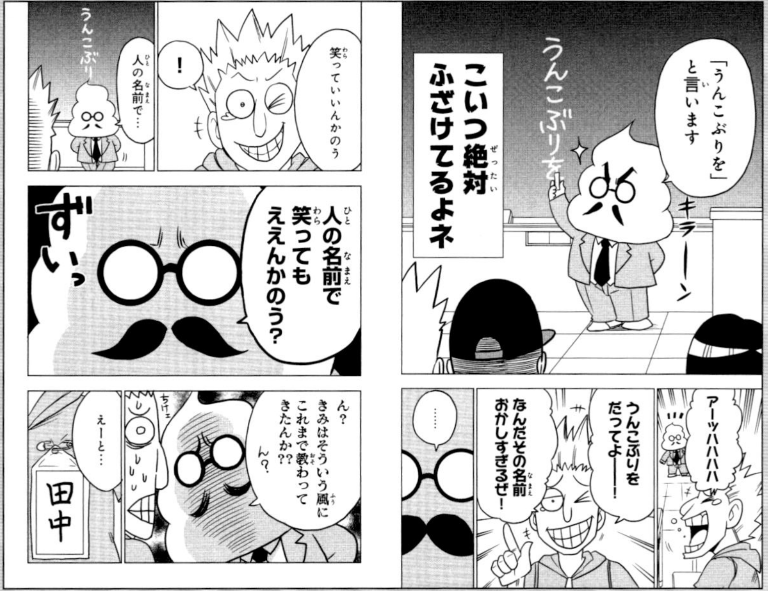

田中

田中くん…
ブブッ ふっう!!!
ぶばっ
たなかて!!
失礼な奴だな!!!
わしが困っとったのに学校の場所を教えてくれんかった…
困っとる人には親切にせんといかんじゃろ?
だ…だって
怪しかったからだよ!!
あんなとこにうんこなんか座ってたら逃げるに決まってるじゃん!!!
ところできみたちは…
コホン
昨日わしにウソをついたのう
?
あ
このあたりに主手山小学校という学校はないかの?
そんな学校知らないな?
えっ
そういえば…!!
!!
あ…あやしい…
わしが…

8

ただうんこってだけじゃろ…???
ガーーン
それで十分だ!!!!!
まぁええ!! とにかくわしはうんこじゃがちゃんとした先生なのじゃ!! わしが担任になったからには…
きみらを
ナンバーワンにしちゃうのじゃぞい!!!!
くるっ
ナ…
ナンバーワン…!!!
うーむ どうも日本は遅れとっていかん
もう海外では人とうんこは半々くらいなんじゃが…
さらっとうそをつくな!!!
ピキッ
本当に…??
もちじゃッ!! わしには見えるぞい!
きみらがこの町…いや!
この県…いや!
この日本でナンバーワンの…

9

おすもうさんになっとる姿が!!!!
ワー ワー
なぜ!!!!!!?
もういいよ! 絶対ふざけてるこのバカうんこ!!
ドドドドド
ふつうの先生がいいよ! 校長先生に言いに行こう!
ちょちょちょ
待ってくれ 待ってくれい!!
わしを先生として認めるかどうか…
これを見てから判断してほしいのじゃ!
ぐ…
ふつうの先生には… 絶対にこんなことできんぞい!!
ぐく…
おおお~~!!!

10

ぼわんっ
ひげ濃くなっただけ~~~ッ!!!?!
そしてキモイ!
しかもなんか死にかけてる!!!!
UPをつかいすぎた…
バタリ
ちぇっ なんだよ変身でもするのかと思ったじゃん
それならちょっと面白かったのに!!
オレもビーム光線とか出るのかと思ったぜ
出るわけないでしょ! バカばっかね
変身とビームくらいなら…
……
ゴワッ

11

⑫

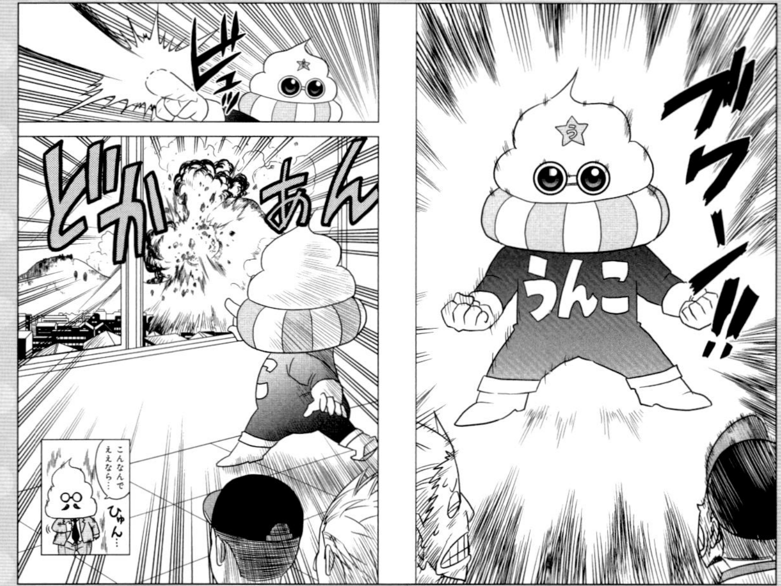

⑬

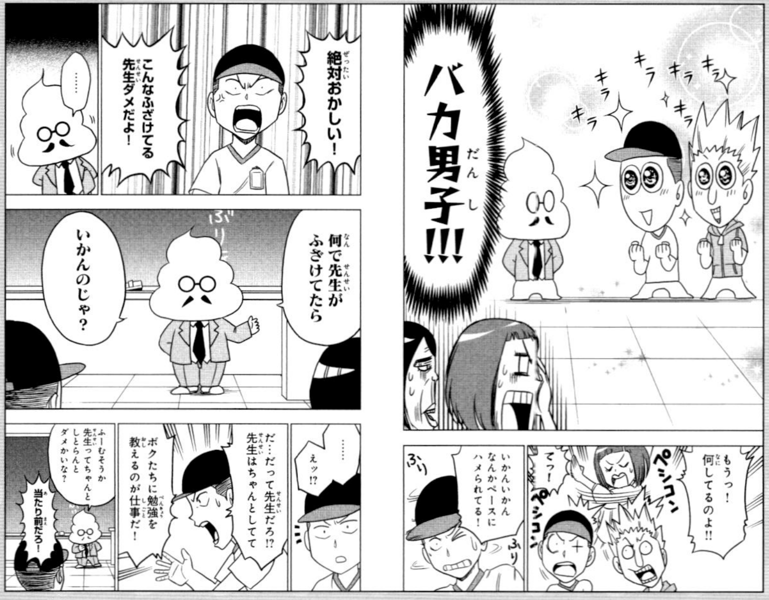

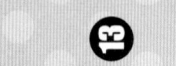

⑭

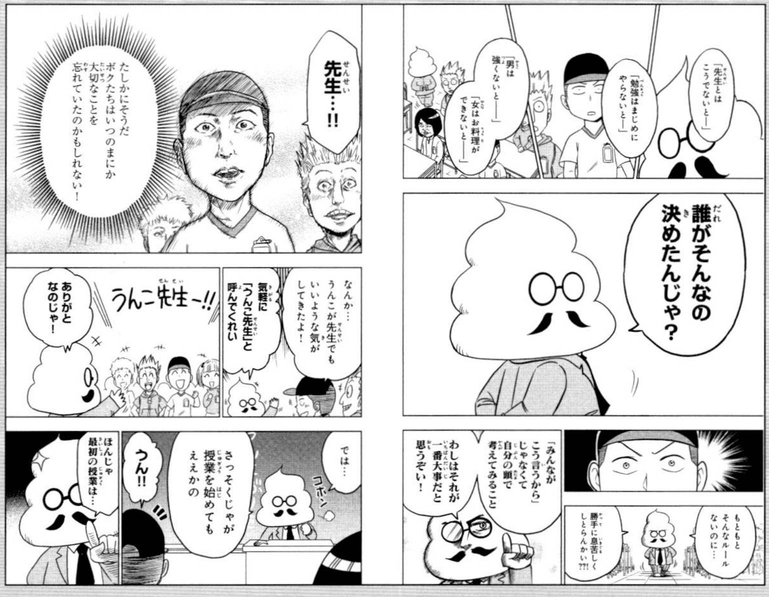

⑮

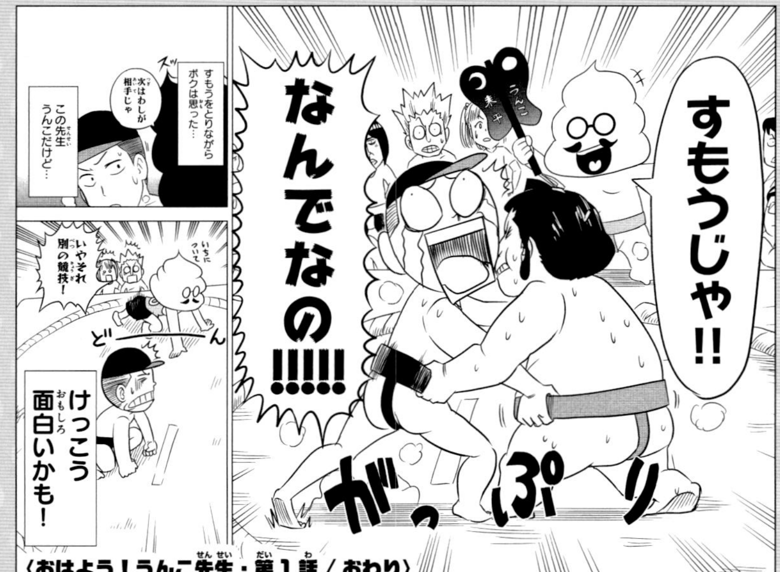

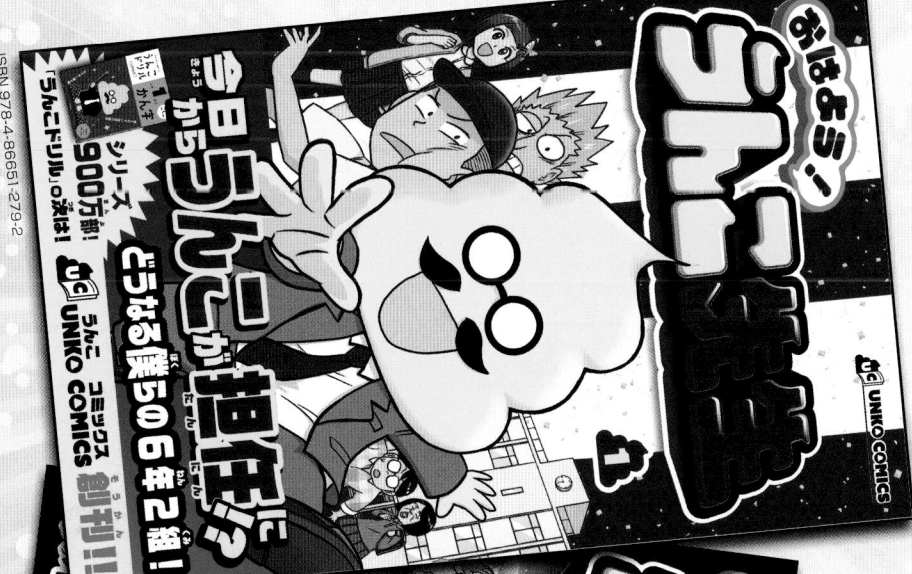
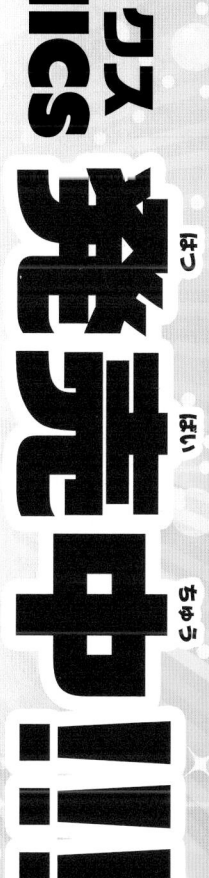

うんこドリル セット 購入者 限定！

学習に役立つ
特別 ふろく付き

シール付
うんこノート

↓ ご購入は各QRコードから ↓

	小学**1**年生	小学**2**年生	小学**3**年生
漢字セット	**漢字セット** 2冊  かん字/かん字もんだいしゅう編 	**漢字セット** 2冊  かん字/かん字もんだいしゅう編 	**漢字セット** 2冊 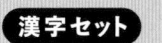 漢字/漢字問題集編 
算数セット	**算数セット** 3冊 たしざん/ひきざん 文しょうだい 	**算数セット** 4冊  たし算/ひき算/かけ算 文しょうだい 	**算数セット** 4冊  たし算・ひき算/かけ算 わり算/文章題 
オールインワンセット \全部入り!/	**オールインワンセット** 7冊  かん字/かん字もんだいしゅう編 たしざん/ひきざん/文しょうだい アルファベット・ローマ字/英単語 	**オールインワンセット** 8冊 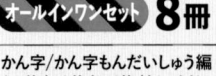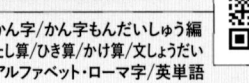 かん字/かん字もんだいしゅう編 たし算/ひき算/かけ算/文しょうだい アルファベット・ローマ字/英単語 	**オールインワンセット** 8冊  漢字/漢字問題集編/たし算・ひき算 かけ算/わり算/文章題 アルファベット・ローマ字/英単語 

※セットによって特別ふろくの内容は異なります。

遊び感覚だから続けられる!

日本一楽しい学習アプリ

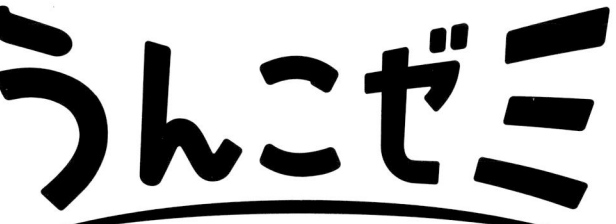
うんこゼミ

国語 算数 理科 社会 + 英語 教養

れしもさっそく
やってみるぜい!

無料
体験版

わからなくても
正解できる!

答えは最初と同じ。
でも少しだけなやむ問題

実は3回目!
だからこそわかる問題!

スタート!

第1問:理科
写真の星ざは?

オリオンざ
キレイナホシざ

Level UP!

てんさいパワーが50あがった!!
2470

第1問:理科
写真の星ざは?

ンオリザオ
ならびかえて!

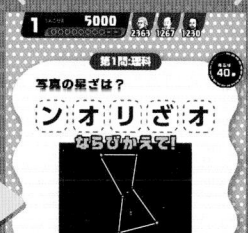

81階 | 1コンボ中
第1問:理科
写真の星ざは?

オリオンざ
カシオペヤざ 1つえらんで!
はくちょうざ
さそりざ

まずはトライ! あれ?
この問題、なんとなくわかる!

すごい! 練習は全問正解!
自信がついて、レベルもアップ!

さあ本番、偉人と対決! この
問題…答えはすでに学習済み!

復習も楽しくちょう戦!
もう完ペキ!

もりもり遊んで力をつけて、さあ次のステージへ!

単元にそった学習

伊能忠敬
3260

確認テスト

うんこ先生
よし!!!
では、うでだめしじゃ!
おぬしの力を見せてくれ!

復習と集中力の特訓

57階
とっぱ!

復習と成長の確認

COMBO!
先

がんばると
もらえる
うんこグッズも!

くわしい内容や
費用はこちらから

小学3年生～6年生対象

※本サービスは予告なく変更する場合がございます。